U0292454

JIYU PCA FANGFA DE
JIXIE JIEGOU ZONGHE XINGNENG
PINGJIA FANGFA YANJIU

基于PCA方法的
机械结构综合性能
评价方法研究

孙志娟 著

中国农业科学技术出版社

图书在版编目（CIP）数据

基于 PCA 方法的机械结构综合性能评价方法研究／孙志娟著 . —北京：中国农业科学技术出版社，2021.6

ISBN 978-7-5116-5352-9

Ⅰ.①基… Ⅱ.①孙… Ⅲ.①机械工程—评价—研究 Ⅳ.①TH11

中国版本图书馆 CIP 数据核字（2021）第 100167 号

责任编辑	王惟萍	
责任校对	李向荣	
责任印制	姜义伟　王思文	

出 版 者	中国农业科学技术出版社	
	北京市中关村南大街 12 号　邮编：100081	
电　　话	（010）82106643（编辑室）　（010）82109702（发行部）	
	（010）82109709（读者服务部）	
传　　真	（010）82106643	
网　　址	http://www.CASTP.cn	
经 销 者	各地新华书店	
印 刷 者	北京建宏印刷有限公司	
开　　本	710mm×1 000mm　1/16	
印　　张	9	
字　　数	161 千字	
版　　次	2021 年 6 月第 1 版　2021 年 6 月第 1 次印刷	
定　　价	68.00 元	

◄◄◄ 版权所有·翻印必究 ►►►

前　言

机械工业是创造社会财富的主要来源之一，是衡量国家综合国力的重要指标。提高机械性能及智能控制水平是在机械设计和制造中追求的一个重要目标，而其核心问题便是对机构性能进行合理的评价，因此，基于机构的运动学和动力学性能指标来研究机械结构的综合性能评价方法具有重要意义。

本书首次在机构学领域内，基于统计学方法——主成分分析（Principal Component Analysis，PCA）及其扩展方法分析开/闭链机构单一性能指标之间的关系，提出了具有一定普适性的机构综合性能分析和评价方法。

在归纳开链机构和闭链机构的运动学和动力学单一性能指标的计算方法和物理意义的基础上，选择最适合的 PCA 及其扩展方法对典型开链机构和闭链机构的综合性能进行分析和评价，进而根据综合性能评价结果可以完成机构的构型、尺度和工作任务的优选。

为了说明 PCA 及其扩展方法在工程实际中对机构综合性能分析和评价的有效应用，本书详细介绍了飞机起落架的收放机构优化设计实例。在 CAD/CAE 软件中设置虚拟仿真环境参数，通过运动学和动力学仿真，计算得出不同尺度的飞机起落架收放机构的单一性能指标数值。面向机构需要实现的功能，应用 RPCA 方法对起落架收放机构的综合性能进行评价，通过选择相对综合性能最优的机构尺度，为飞机起落架的收放机构优化设计提供理论依据。

通过研究形成了一系列基于 PCA 及其扩展方法应用于不同机构综合性能评

价的理论和方法，为机械结构工作任务的优选、机构型综合和尺度综合提供了科学的参考依据。

本书编写过程中，北京工业大学的赵京教授提出了许多宝贵意见，本书还得到了课题"某型直升机尾梁小整流罩开孔修复技术研究"的资金资助，在此一并表示衷心感谢，并向本书参考和引用有关资料及文献的作者表示诚挚的谢意。

由于作者水平有限，加之时间仓促，书中疏漏之处在所难免，敬请读者批评指正。

孙志娟

2021 年 1 月

目　　录

第一章　机构性能分析和评价方法初探

第一节　机构性能分析和评价意义

在人类文明和社会发展的进程中，机器的发展很大程度上促进了人类的进步。机械工业始终是创造社会财富的主要来源，是衡量国家综合国力的重要指标。新产品、新技术的发展，对机械工业提出了高精度、重负载、高效率、自动化等要求，现代机器的工作原理、结构组成、设计和分析方法已不同于传统的机器。现代机构学的理论研究是机械工业的基础，是现代机械产品发明创造的源泉，是提高国家制造业水平和国际竞争能力的关键。现代机构学主要研究内容包括揭示自然和人造机械的机构组成原理，创造新机构，研究基于特定性能的机构分析与设计理论，为现代机械的设计、创新和发明提供系统的基础理论和有效实用的方法。就结构来看，机器的各部分由各种机构组成，在传统的整机结构型式保持相对稳定的条件下，提高机械性能及智能控制水平，关键在于对主要机构的机械系统性能不断优化，而其核心问题是对机构性能进行合理的评价及良好的控制。

机构分析与设计是基于机构的性能评价指标来实现的。机构性能评价指标应具有明确的物理意义，可以用数学方程来描述，具有可计算性，并可以用一个数字来表示大小。虽然国内外已有许多有关机构性能评价指标的研究，计算机技术的应用为机械设计提供了有力的工具，使机构综合性能评价产生了许多新方法和新理论。但是，目前有关机构性能评价多是针对机构某一方面性能的单一性能指标的分析和研究，而由于工程实际应用中，机械设计问题的要求复杂和多样性，所以目前针对机构单一性能的评价指标研究还不能满足工程实际需要，应该根据工程应用的实际需要，进行综合分析和评价。随着科技的发展，机构学的发展也在不断创新，从传统刚性构件的机构学发展成为与多种学科交叉、融合形成了多种新的学科分支的现代机构学。所以，应借助于统计学、机构学、计算机技术等相关知识，研究具有普遍适用性的机构综合性能分析和评价方法，为机构的设计和优化提供必要的保证，并服务于典型机构的深入研究和广泛应用。

提高机械性能及智能控制水平的关键在于对主要机构的机械性能不断优化，其核心问题是对机构性能进行合理的评价及良好的控制；而机构拓扑结构与机构综合性能之间的内在联系亦是机构拓扑创新设计研究的热点和难点。机构性能分析和综合首先需要解决的是机构的性能评价问题。针对典型的开链机构——串联机械臂和典型的闭链机构——连杆机构（包括串联连杆和并联连杆机构），归纳开/闭链机构的运动学和动力学性能的单一性能指标，提出了基于 PCA 方法及其扩展方法的机构综合性能评价算法，分析机构单一性能指标之间的关系，对机构性能指标进行分类处理，对特定构型机构构建机构综合性能指标评价体系，为机构尺度综合与工作任务的优序关系提供参考依据；对具有相同性能指标、实现相同工作任务的不同拓扑结构的机构构建机构综合性能指标评价体系，为同时进行机构型综合和尺度综合提供参考依据。同时，针对传统 PCA 方法的不足，将 PCA 的扩展方法引入机构综合性能评价中，验证其合理性和优越性。最后，基于典型空间机构——飞机起落架机构，进一步验证 PCA 及其扩展方法在机构综合性能分析中的实用性，以期为机构设计提供科学的参考依据。

第二节　机构性能分析和评价方法

一、机构学研究的历史和发展趋势

机构学是机械设计所依据的最重要的基础理论学科之一。机械的研究和应用伴随和推动着人类社会的发展。古希腊哲学家亚里士多德（前 384—前 322）的著作 *Problems of Machines* 是现存最早的研究机械力学原理的文献。古希腊学者阿基米德（前 287—前 212）用古典几何学方法提出了严格的杠杆原理和螺旋的运动学理论，建立了简单机械研究体系。意大利著名绘画大师达·芬奇（1452—1519 年）总结性地列出了用于机器制造的 22 种基本部件。瑞士数学家欧拉（1707—1783 年）提出了平面运动是一点的平动和绕该点的转动的叠加理论，奠定了机构运动学分析的基础。法国物理学家科里奥利（1792—1843 年）提出了相对速度和相对加速度的概念，研究了机构的运动原理。英国发明家瓦特（1736—1819 年）研究了机构综合运动学，探讨连杆机构跟踪直线轨迹问题。

在中国，墨子约在公元前 480 年就制造了舟、车、飞鸢等机械交通工具，根据力学原理为古代车子所创造的"车辖"和为城门所研制的"堑悬梁"都体现了机构的设计原理。其著作的《墨经》（第 21 节）中，对"力"的定义"力，刑之所以奋也"明确了"力是物体发生运动的原因"，是牛顿第二定律的雏形。

近代，机构学研究取得了更为系统的成果。1841 年，剑桥大学教授 Robert Willis 出版了《机构原理》（*Principles of Mechanisms*），形成了机构学理论体系。1876 年，德国机械工程专家 Franz Reuleaux 出版了《机构运动学》（*Kinematics of Machinery*）阐述了机构的符号表示法和构型综合。1888 年，德国的 Ludwig Burmester 在其专著《运动学教材》（*Lehrbuch Der Kinematik*）中提出了几何方法应用于机构的位移、速度和加速度分析。德国的 Grüebler 发现了连杆组的自由度判据，为机构的数综合奠定了理论基础，目前对于平面连杆机构是否存在自由度的判据绝大部分用的仍然是 Grüebler 公式。

虽然机构学研究起源非常久远，但是从古至今，机构学领域主要研究 3 个核心问题，即机构的构型原理与新机构的发明创造、机构分析与设计的运动学与动力学性能评价指标、根据性能评价指标分析和设计机构。因此，通常将机构学研究的基本问题大致分为机构分析与机构综合两大类，其中机构分析着重研究机构的结构学、运动学与动力学特性，以揭示机构的结构组成、运动学与动力学规律及其相互联系，为了解已有机械系统的性能和机构综合提供理论依据；机构综合则是指按结构、运动和动力等方面的要求来设计新机构的理论和方法，包括机构的数综合、型综合、尺度综合和控制综合等内容。其中，数综合和型综合均在给定机构自由度的条件下，或是确定组成该类机构的构件数目、运动副数目及其类型，或是再进而确定出机构的不同结构型式；尺度综合是指当机构的结构型式选定后，在满足其执行构件运动要求的条件下，确定出机构尺度参数的过程；控制综合是指在机构执行构件的位置和姿态已经事先拟定的情况下，确定出机构各运动关节的运动参数数值的过程。机构综合需要围绕机构性能要求来进行，而针对机构性能分析围绕着机构运动学与动力学等参数设计的数值类非线性问题的建模、求解与方案优选。内容涉及基于工程应用的机构性能评价指标的数学描述，运动学的线性和非线性代数方程组、动力学与控制的线性和非线性微分方程组的生成、求解以及解的优选。针对机构性能分析涉及的机构结构学、运动学与动力学的统一建模，研究运动学和动力学特征的内在联系与规律性，构建四者融为一体的系统理论与方法，从而为解决机构性能分析和评价提供线性解法和非线性解法的理论基础。

二、机构性能分析方法

机构的性能分析与综合是机械设计与新机器开发的基础，其研究历史悠久。现代，由于机器人技术、空间技术、农业机械、纺织机械、印刷机械等技术的高速发展，要求改善、优化原有机械或发明新型机构，因此对于机构的运动学性能和动力学性能的要求越来越苛刻。过去曾凭经验对机构进行选型与设计、造型与传统的图解法或简单的验算来对机构进行分析的做法早已不能适应当代机构学及机构技术发展的需求，通过计算机对各种机构进行分析与综合则是一条合理的、必然的出路。

机构性能评价是对现有机构的性能进行分析，分析其运动学特性［（角）位移、（角）速度、（角）加速度］和动力学特性（输入力、力矩、各运动副的反力及其变化规律）。

1. 机构性能分析的传统方法

对机构的研究最早采用图解法分析机构的运动学特性。在研究和设计机构时，要用图解法确定该机构的实长、转角，表达出杆件间的空间关系，进一步推导出计算公式。图解法的优点是形象直观、做法一般较为简便，但精度不高、费时较长。对于高速机械和精密机械中的机构，用图解法做运动分析，往往不能满足高精度的要求，因此图解法对于复杂机构是无能为力的。

传统的动力学分析方法是质量中心轨迹法，但这种做法既没有探讨质心的加速度，也没有涉及其振动源和运动副反力的波动。还有一种传统的方法是图解法，即利用图解方法求出几个位置的各运动副反力和机构的惯性力，来研究动力学性质。图解法不仅存在与质量中心轨迹法相同的缺陷，而且工作量较大，不能对周期内各点做分析，误差也较大。

2. 机构性能分析的现代方法

机构性能分析与综合的现代方法是数值方法，即建立模型并编写程序计算。解析法基于数学模型的创建，适用于数值计算。机构数值分析是用数学方法解决机构问题，并借助计算机计算，因而精确度很高。此外，通过解析法可建立各种运动参数和机构尺寸参数的函数关系式，便于对机构进行深入研究。因此，随着计算机的普及，解析法得到越来越广泛的应用。解析法可运用矢量方程解析、杆组分析、矩阵运算和动力学方程序列求解等方法。

用解析法作机构运动学和动力学分析，包括（角）位移、（角）速度、（角）加速度、力（力矩）分析 4 个方面，关键是解位移方程式和受力方程，特别是求角位移的唯一值，利用位移方程对时间求一阶、二阶导数，求出速度和加速度，在此基础上求解零部件的受力（力矩），因此较为容易解决。

3. CAD 技术在机构性能分析中的应用

计算机辅助设计（Computer Aided Design，CAD）就是利用计算机快速的数值计算和强大的图文处理功能来辅助工程技术人员进行产品设计、工程绘图和数据管理的一门计算机应用技术。CAD 技术对提高设计质量，加快设计速度，节省人力与时间，提高设计工作的自动化程度具有十分重要的意义。

CAD 在机械制造行业的应用最早，也最为广泛。采用 CAD 技术，借助不同的 CAD 软件进行产品设计，进而进行机器性能分析，更新了传统的设计思想，实现设计自动化。现有的 CAD 软件种类繁多。采用参数式、变量式实体建模技术的软件有 Pro/E、Solid Works，其中，Pro/E 以参数设定的方式，来控制实体模型在尺寸方面修改，其最大的特点是采用单一数据库设计，并且采用了全关联技术，所有的模型互相连接，设计者在任何时候所做的修改，都会调整到整个设计中，自动更新零件、组件、工程图等所有相关的文件，保证了资料的准确无误，避免反复修改浪费时间；Solid Works 采用了全参数化特征式实体建模技术，通过自带的特征形体和零件资料库，配合布尔运算，能够迅速地组合出设计者要求的形体，并可以通过修改资料库的设定来实现双向的资料更新。使用复合式建模技术的软件则有 UG、CATIA，其中，CATIA 对于航空与汽车工程的发展有着深远的影响，在分析与环境模拟的功能上表现尤为出色，但是其渲染的功能相对其他软件则显得比较薄弱；UG 同时具备了实体建模与曲面建模的能力与特征，其装配建模模块提供并行的自上而下的工作方式，并一直保持相关性，其功能模块——机构模块，可以较为方便地实现机构的运动学仿真。ADAMS 是目前应用最为广泛的能对复杂机械系统进行机械系统动力学仿真的工程软件，但是其自身的造型能力比较薄弱。对复杂的机械系统进行精确的动力学仿真时，常用 Pro/E、UG 和 Solidwork 等 CAD 软件进行建模，然后通过软件之间的接口，采用 ADAMS 进行机械系统的运动学和动力学性能仿真分析。因此，选择合适的 CAD 软件，进行机构的建模、运动学和动力学性能分析，可以缩短产品的开发周期，提高劳动生产率。

三、机构性能评价方法

机构性能分析和设计首先需要解决的是机构的性能评价问题。机构的构型与参数设计问题通常是通过在一定的约束条件下优化性能指标来完成的，这些指标应该具有明确的意义，并具有可计算性。机构可分为开链机构与闭链机构。目前，国内外关于机构的单一性能评价指标的研究主要如下。

开链机构性能指标——工作空间、奇异位形、条件数、解耦性、各向同性、综合条件数、速度极值、承载极值、刚度极值、误差极值等。

闭链机构性能指标——行程速比系数、机械效益、最小传动角、平均传动角、类角加速度、机械振动、机械能量等。

由于机构性能评价指标需要借助于数学工具来描述，所以人们基于不同的数学工具提出了一些重要的、经典的机构性能分析方法，如复数矢量、一般矢量、回转变换张量、球面三角学、四元数、欧拉角旋转坐标变换矩阵、D-H 齐次变换矩阵、绕任意轴旋转的坐标变换矩阵、对偶数、螺旋理论等。而机构性能评价的主要发展趋势是借助数学和力学等工具，研究具有明确的物理意义、可用数学方程描述、具有可算性、可全面描述机构综合性能的评价指标。

虽然国内外已有许多有关机构的性能评价指标的研究，但现有指标评价体系存在如下3个方面的问题：一是对于某类性能，如速度、精度、刚度和动态特性等，尚未揭示出多种指标的差异和选取原则；二是对于同类指标，尚未揭示出用其评价不同性能的适应性；三是工程实际具有复杂性和多样性，而目前相关研究还主要是针对个例进行研究，缺少兼顾机构综合性能的决策理论。如果能够合理解决机构综合性能的评价，则可避开对多种单一性能指标或同类指标选择上的问题。

第三节 统计学中的综合评价方法

评价是指参照一定标准对客体的价值或优劣进行评判比较的一种认知过程，也是一种决策过程。若评价标准比较复杂、抽象，就属于"综合评价"，也称为多指标（多属性）综合评价。因此，综合评价是指通过一定的模型将多个评价指标值"合成"为一个整体性的评价值，是对被评价对象所进行的客观、公正、合理的全面评价。综合评价的步骤如下：

——根据评价目的、有关的专业理论和实践，来选择具有代表性、区别性强、可以测量的评价指标组成评价指标体系；

——确定各单个指标的权重、评价等级及其界限；

——根据评价目的和数据特征，选择适当的综合评价方法，建立综合评价模型对系统进行综合评价。

目前，综合评价有许多不同的方法，包括 PCA 法、层次分析法、综合指数法、逼近理想解排序法、秩和比法、模糊综合评价法等，这些方法各具特色，各有利弊，由于受多方面因素影响，如何合理选择综合评价方法，是需要不断研究的课题。

一、PCA 方法概述

PCA 是由英国的 Karl Pearson 于 1901 年最早提出来的，用于研究对空间中的一些点拟合成最佳直线和平面。1933 年，美国的数理统计学家 Harold Hotelling 对 PCA 方法进行了改进，使其应用于随机向量。PCA 的降维很好地为综合评价提供了有力的理论和技术支持，因此，Morrison D F（1976）与 Mardia K V 等（1980）在研究中发展和成熟了其优良的统计特征，成为目前被广泛应用的数理统计方法。

1. PCA 的基本思想

PCA 的基本思想就是在保持尽可能多的过程信息量变化的情况下，对由一个相互之间存在相关性的变量所组成的数集进行降维，以获得相互独立的主成分。图 1-1 是 PCA 的几何表示。

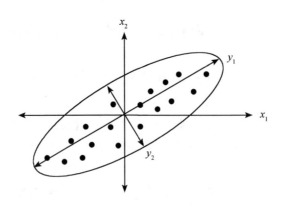

图 1-1　PCA 的几何表示

图 1-1 中，x_1 和 x_2 是两个存在高度相关关系的变量，其在 x_1 和 x_2 方向均具有较大的变化量，因此两个变量的信息均要利用才能较好地描述系统的性能。经过 PCA 分析后得到两个主成分，分别是 y_1 和 y_2，它们之间是正交的。由图 1-1 可知，信息在主成分 y_1 方向具有较大的变化量，而在主成分 y_2 方向的变化较小，因此在刻画系统性能时，只利用 y_1 方向的信息即可。

实际问题中常需要知道主成分的值，例如在对机构综合性能进行分析评价时，通常需要知道某一种构型对应的某一尺度机构的综合性能较优，这就需要计算每个采样点表征机构综合性能的某一主成分得分。主成分得分时，利用样本标准化后的数值与主成分的系数相乘相加即可得到主成分得分。

2. PCA 的特点

与很多多元统计方法相比，PCA 主要具有如下特点。

（1）PCA 不要求数据来自正态总体，无论是从原始变量协方差矩阵出发求解主成分还是从相关矩阵出发求解主成分，都不要求数据来自正态总体。因此，PCA 适用于对任意多维数据的降维处理，扩展了其应用范围。

（2）PCA 可以对计算所的主成分的重要性进行排序，根据需要取前面最重要的部分，将后面的维数省去，对数据进行降维处理，简化模型或是数据压缩的同时最大程度地保持了原有数据的信息。

（3）在 PCA 的计算过程中完全不需要人为地设定参数或是根据任何经验模型对计算进行干预，最后的结果只与数据相关，与用户是独立的。PCA 的无参数限制可以避免人为因素对计算过程的干扰。

3. 基于 PCA 的综合评价方法

PCA 方法能将高维空间的问题转化到低维空间去处理，使问题变得比较简单，而且这些较少的综合指标之间既互不相关，又能提供原有指标的绝大部分信息。而且，PCA 计算的过程，会生成各主成分的权重，避免了评价过程中人为因素的干扰，因此，以 PCA 为基础的综合评价理论能够较好地保证评价结果的客观性，如实地反映实际问题，完善了综合评价理论体系，为管理和决策提供了客观依据。

虽然目前还没有关于基于 PCA 方法进行综合评价的专著，但很多学者对其进行了探讨和研究。PCA 作为数据降维的有效手段，能够提高样本大小与预测量数值的比例。部分学者以样本的应变量为基础，优化样本的选择，取得较好的降维效果；也有学者从如何去除或减弱有限的样本集中少量"劣点"对样本的影响，从而获得准确主成分；而有的学者则从算法上对 PCA 方法进行改进，提出了稳健 PCA 算法或者引入非线性 PCA 算法等，优化 PCA 的计算结果。在选取主成分个数对样本进行排序的问题上，一般按累积方差贡献率不低于某个阈值的原则确定前几个主成分，并对其进行合理的解释；又或者按照第一主成分对样本进行综合排序，因为第一主成分能够最大限度地反映样本间的差异，是概括指标差异信息的最佳线性函数。针对主成分含义的解释，当初始公共因子不能解释时，还有学者尝试将 PCA 类似因子分析，采取最大方差的正交旋转，使旋转后的公共因子有更明确的实际意义，但这样会导致线性变换矩阵的不唯一性。

二、其他综合评价方法与 PCA 方法的比较

1. 层次分析法

层次分析法（Analytical Hierarchy Process，AHP）是美国匹兹堡大学教授 Thomas L. Saaty 于 20 世纪 70 年代提出的一种系统分析方法。它综合定性与定量分析，模拟人的决策思维过程，来对多因素复杂系统，特别是难以定量描述的社会系统进行分析。目前，AHP 是分析多目标、多准则的复杂公共管理问题的有力工具。

应用 AHP 解决问题的思路：首先，把要解决的问题分层次系列化，将问题分解为不同的组成因素，按照因素之间的相互影响和隶属关系将其分为目标层、中间层和方案层，形成一个递阶的、有序的层次结构模型；其次，对模型中每一层次因素的相对重要性，依据人们对客观现实的判断给予定量表示每一层次全部因素相对重要性次序的权值，以此构造两两比较判断矩阵 A。最后，计算各层元素对系统目标的合成权重，并进行排序，以此作为评价和选择方案的依据。

AHP 方法把定性和定量方法结合，能处理许多复杂的实际问题。和 PCA 方法一样，AHP 方法也有其严密的数学基础，在求解判定矩阵常采用特征根法，这和 PCA 方法的数学基础相同。但是，AHP 方法具有如下局限性。

（1）AHP 方法从建立层次结果到合成对比矩阵，人为主观因素较大。而 PCA 方法则强调了评价的客观性。

（2）AHP 方法仅能解决指标之间对比量化问题，而指标的选取完全凭借人的定性判断，且其解决指标对比的个数是非常有限的，对于过多的指标（超过其范围）则需要舍弃部分"非重要"指标的方式，而"非重要"指标的确定则是人为判定的。而 PCA 方法用于综合评价时，对指标的个数没有限定，且通过 PCA 计算所选择的主成分是原来指标的综合，包含了原始指标的大部分信息。

（3）AHP 方法对相关性较强的，甚至相互包含的指标以及不相关的指标无法判定，只能通过人为分析确定。而 PCA 方法强调评价过程的客观性，其权重

的决定是通过对所给数据的分析而决定的。

（4）AHP 方法本质上是定性描述的定量化，所以定性因素起决定作用。而 PCA 方法则主要是进行定量分析。

2. 模糊综合评价法

1965 年，美国控制论专家 Lotfi Zedeh 教授提出模糊集合的概念，为模糊综合评价提供了理论基础。模糊综合评价方法应用模糊关系合成的原理，从多个因素对被评价事物隶属等级状况进行综合评价。采用模糊综合评价方法时，确定评价对象的因素论域后，首先获得被评价事物对应各评价等级隶属程度信息，由此可以建立模糊关系矩阵 $\tilde{R}$，构成了模糊综合评价的基础。进而，建立各评价因素的权重分配向量 $\tilde{A}$，确定评价因素集中的每个因素在"评价目标"中有不同的地位和作用。最后可以将 $\tilde{A}$ 和 $\tilde{R}$ 进行复合运算，得到综合评价结果，得到被评价事物与评语等级间后的模糊关系。

模糊综合评价和基于 PCA 的综合评价都是以一定的数学方法为基础，其中模糊综合评价方法则是一种绝对评价方法，其评价结果可以多次使用；而 PCA 方法是一种相对评价方法，适用于一次性评价。因此，这两种评价方法也有较多的差异和较强的互补性。主要说明如下。

（1）模糊综合评价的结果是一个向量，是对被评价对象模糊性状的客观描述，具有直接的物理意义。而 PCA 方法的评价结果则是具体数值，通过数值的不同可以得出不同评价对象之间的相对优劣关系，无直接的物理意义。因此，PCA 方法的评价结果没有模糊综合评价的结果含义丰富。

（2）模糊综合评价的评价结果具有唯一性，即对某一评价对象，如果评价指标权数、合成算子相同，其在不同的评价对象范围内评价结果是相同的。而基于 PCA 的综合评价对某一评价对象来说，不同的评价范围其评价结果一般来说是不同的，具有一定的实效性。

（3）模糊综合评价是从层次的角度对事物进行评价的，能进行多层次处理，满足对复杂事物的评价要求。而基于 PCA 的综合评价则是从评价因素相关的角度来考虑对复杂事物进行综合评价。

（4）模糊综合评价无须进行指标的无量纲化。模糊关系矩阵 $\tilde{R}$ 代表了从某个评价因素角度确定某个被评价对象属于某个评价等级的程度，本身就是由无量纲的相对数组成。而 PCA 方法中的无量纲化在一般情况下是必不可少的。

（5）模糊综合评价的权系数向量 $\bar{A}$ 是人为估价权，具有主观性。而 PCA 方法最后得出的各指标在综合评价指标中的权重是客观计算所得，具有客观性。

（6）模糊综合评价不能消除评价指标间的相关性，可能产生指标间的信息重复，引起评价结果的不准确性。而基于 PCA 的综合评价则能在一定范围内消除指标间的相关性，防止信息的重复。

3. 综合指数法

综合指数法（Comprehensive Index，CI）是指在确定一套合理指标体系的基础上，将一组相同或不同指数值通过统计学处理，使不同计量单位、性质的指标值标准化，最后转化成一个综合指数，以准确地评价某种情况的综合水平。因此，综合指数值越大，对象的综合性能越好。CI 方法发展至今，已有多种计算模式，包括简单叠加型指数、算术平均型指数、加权平均型指数、向量指数、最大值法、混合加权模式、余分指数合成法、转换指数法等。综合指数法形式简单、计算较为方便，用简单的数学公式整合大量的系统特征信息，计算结果的数值可以反映系统总体水平。但是，CI 方法具有如下不足之处。

（1）综合指数没有统一的表现形式，各种综合指数计算模式均有其适用性和不足之处，需要基于对被评价系统对不同计算模式进行利弊权衡，进而比较评价结果。而 PCA 方法的算法已经有严密的数学基础。

（2）CI 方法在评价过程中缺乏科学的指标筛选方法，存在较大主观不确定性，因此其间存在大量重叠，既存在着指标间信息重叠，又有信息覆盖不全，直接影响到评价结论的科学性和准确性。而基于 PCA 的综合评价则能在一定范围内消除指标间的相关性，防止信息的重复。

（3）各种综合指数计算模式均不同程度地掩盖了最大分指数和最重要分指数的效应，有失评价的客观性。而 PCA 方法从各指标的相关性出发进行评价，合理地分配了各指标的权重系数。

4. 逼近理想解排序法

逼近理想解排序法（Technique for Order Preference by Similarity to Ideal Solution，TOPSIS）是由 Ching-Lai Hwang 和 Kwangsun Yoon 于 1981 年首次提出的，是一种多目标决策方法。TOPSIS 法基于归一化后的原始数据矩阵，找出有限个评价对象中的最优方案和最劣方案，最优方案所对应的各个属性至少达到各个方案中的最好值；最劣方案对应的各个属性至少不优于各个方案中的最劣值。然后根据其他评价对象与最优方案和最劣方案的距离的接近程度进行排序，是在现有的对象中进行相对优劣的评价。

TOPSIS 方法原理简单，能同时进行多个对象评价，计算快捷，结果分辨率高，具有较好的合理性和适用性，实用价值较高。但是，TOPSIS 方法具有如下局限性。

（1）TOPSIS 方法仅涉及正向指标和逆向指标，对区间型指标及其相关处理并未涉及，这种局限性导致其无法对涉及区间型指标的评价对象进行评价。而PCA 方法评价时，需要对指标进行正向化和标准化，对区间型指标也有其相应的处理方法。

（2）TOPSIS 方法得出最优方案和最劣方案是一种近似的相对值，仅是现有方案中"最优"和"最劣"的相对排序，无法对其绝对价值进行判断，有可能出现备选方案都不理想的情况。而 PCA 方法无须确定最优方案和最劣方案，其评价结果体现了所有方案的相对优劣顺序。

（3）TOPSIS 方法确定的指标权重都是事先给定，存在一定的主观性，而缺乏合理依据。而 PCA 方法最后得出的各指标在综合评价指标中的权重是客观计算所得，避免了主观因素的影响。

三、PCA 及其扩展方法的应用

1. PCA 方法的应用

PCA 在农业、生物、化学、气象学、人口统计学、生态学、经济学、食物研究、基因学、地质学、物理学、质量管理、通信理论、模式识别、图像处理以及故障检测和诊断等领域均有大量的应用。PCA 方法在机械工程领域中得到了广泛应用，主要应用情况如下。

（1）机械故障诊断过程本质上是一个故障模式识别的过程。随着机械设备结构日益复杂，故障类别越来越多，反映故障状态的特征也相应增加。在实际诊断过程中，为了使诊断准确可靠，希望获得尽可能多的测试信号的特征参数，因此要从故障特征集中提取对状态敏感的特征子集，这一工作就是特征提取。机械故障诊断过程本质上是一个故障模式识别。机械故障成分错综复杂，且相互关联，传统的傅立叶变换分析方法不能实现对其有效的诊断，所以应用 PCA 方法，将原始数据变换成相互之间的线性组合，消除了变量之间的相关性，降低了故障信号的维数，提高了故障诊断的鲁棒性。

（2）在机械设备运行的过程中，对于噪声声源诊断是一项极为重要的工作。需要通过科学手段，查找出声源的部位、能量分布及频率特性等。而在实际声源的诊断中，由于各声源的频率结构往往十分复杂，而且各声源之间的干扰以及声波的传递通道千差万别，这就需要一种简化数据的方法，使高维数据降维，以便获得噪声数据的主要信息。PCA 方法利用降维的思想，把原来多个变量转化为少数几个互不相关的主成分。通过降维可以有效去除机械噪声数据中的冗余信息而不影响最终分析结果，从而降低数据分析处理的难度，很快给出各点振动能量分布情况及其相互关系，是一种简便、快捷而有效的噪声源分析方法。

（3）状态监测技术是当前国内外迅速发展的一项关于系统管理方面的新技术。系统状态监测是通过对各种检测得到的信息进行分析和判别，并结合系统特性及历史数据对系统工作状态给出评价的过程。由于工业过程的过程测量变量多且变量之间依赖性（相关性）严重，在工业过程监控中，少则十几个过程变量，而对于大型的工业生产的加工过程，需要监测的过程变量甚至超过一百个，包括在生产过程的不同场合下的温度、压力、重量等。在现实环境中。采集到的这些数据中会含有一些噪声，同时这些数据之间还存在着高度的相关性。PCA 方法可以对监测的过程变量进行冗余分析和特征提取，通过降维将过程信息的动态变化集中到少数几个主元特征信号对过程进行刻画。对于很多工业过程而言，要想得到过程的精确数学模型相对比较困难，而整个过程中能被利用的信息就是过程数据。基于数据驱动的工业系统监控方法，变量较多的系统大都用的是基于 PCA 方法，最大的优点是不需要构建监控过程的精确数学模型，监测方法相对简单，是状态监测技术发展的趋势。

（4）Chen F C 提出一种结合田口方法、PCA 方法和模糊逻辑的双用途六连杆机构的公差混合设计方法，使得该机构的关键尺寸被分类，通过降低关键尺寸的公差值，增加其他尺寸的公差来提高质量和降低成本。

（5）机械性能的总体评价对于其选型工作有重要意义，对于优质、高效生产和创造较高的生产价值、劳动生产率、利润率等有着重要影响。因此，一个合理的、能客观反映机构性能优劣的评价模型，对机构的分析和综合具有重要意义。目前应用 PCA 方法对机械性能的总体评价还主要是基于生产率、商品率和利润率等经济效益指标，针对特定机构的进行综合性能分析和评价，而没有基于一般机构学意义的机构性能指标，对各种不同类型的机构综合性能进行分析和评价的理论。一旦机构的构型确定后，其性能则完全由其尺度来决定，机构的各种性能可以利用不同的性能指标来度量。因此，可以尝试利用 PCA 方法通过对所有离散机构的各性能指标得数据进行数学分析，来发现该构型机构各种运动性能之间的关系，从而构建面向功能和性能的机构综合性能指标评价方法。

2. PCA 扩展方法及其应用

传统 PCA 方法直接应用于不同对象时，由于其本身性能的限制，会出现很多问题。国内外学者针对一些问题提出了改进方法，扩大了 PCA 的应用领域。一方面，原始指标的初始化对该方法的性能有着很重要的影响，如果原始指标的处理不得当，不仅影响该方法的降维效果，而且影响分析结果的准确性；另一方面，PCA 计算的过程中，通过对算法的优化，可以优化降维方法。

（1）采样点数据处理。在对机械性能的总体评价时，机构的单一性能指标的数值均是不变的，但是机构在工作空间中运动时，奇异位形处的性能指标数值可以认为是异常值，可以将 PCA 方法以及其他的方法结合起来对指标进行同时处理，如模糊主成分分析（Fuzzy Principal Component Analysis，FPCA）就是把模糊数学的思想引入 PCA 中，以降低主成分异常值的影响，使分析的结果稳定性更强，并同时希望能达到良好的降维效果。目前，FPCA 方法图像识别领域以增强影像的可分辨性经济学领域的综合评价中，因此可以尝试将其引入机构的综合性能评价中。

（2）核主成分分析。PCA 方法是应用最广泛的线性降维方法之一。但是，如果原始数据具有非线性属性，PCA 方法不再反映这种非线性属性，即 PCA 方法不能分析存在非线性关系的数据。Bernhard S 等将 PCA 方法由线性领域推广到非线性领域，形成了核主成分分析（Kernel Principals Components Analysis，KP-CA）。通过引入核函数，实现了将输入空间数据映射到一个高维特征空间，高维特征数据具有更好的可分性，然后在高维空间中对映射得到的高维特征数据进行线性 PCA 计算，得到了原始数据的非线性主成分，实现数据降维的目的。通过核函数的运用，KPCA 可不用执行非线性映射，就可有效地计算非线性主元。

KPCA 已成功应用在图像识别、机械设备故障诊断研究中。KPCA 方法是对 PCA 方法进行图像识别技术的一种改进；在机械设备故障诊断研究中，在时域或频域统计特征基础上提取 KPCA 特征进行机械设备状态的监测和故障辨识的研究。为此，可尝试将 KPCA 方法应用于机构综合性能评价的研究中，不仅实现了数据降维，而且还有效地处理了各指标的非线性影响，为机构选型与优序关系研究提供科学的参考依据。

（3）相对主成分分析方法。传统 PCA 方法因忽视量纲对系统的影响，从而使选取的主成分难以具有代表性；而在进行量纲标准化后，又因得到的特征值常常是近似相等的而无法进行有效的主成分提取。针对这些问题，建立起一种相对主成分分析（Relative Principals Components Analysis，RPCA）的新方法。首先通过预处理，消除因量纲差异所带来的虚假影响，使得各个分变量处于"平等"的地位；然后再利用系统各分量的先验知识，并根据系统的实际要求，在一定准则下赋予系统各分量不同的权值，建立起相对主元模型；最终实现能更有效地获取、分析和利用系统所需要的信息。

RPCA 用于过程监控技术时，比重因子的引入使得 RPCA 模型有可能更多地利用系统的先验信息，方便了主元的选取，从而更有效地辨识出故障；RPCA 用于数据压缩时，比重因子的引入，提高了相对主元的代表能力，较 PCA 更能体现出其在数据压缩中的优越性。为此，可尝试将 RPCA 应用于机构综合性能评价的研究中，使其可以结合先验信息，突出某些单一性能指标。

（4）PCA-BP 神经网络。PCA 方法和神经网络分别有各自的特点。目前，神经网络具有泛化性能好、精度高等优点，在信号处理、模式辨别及故障诊断等许多方面已被很广泛地应用。误差反传播（Back Propagation，BP）神经网络是由 Paul John Werbos 于 1974 年提出一种适用于多层网络的算法，是目前最为常用的多层网络学习算法。将 PCA 方法和 BP 神经网络相结合，建立 PCA-BP 神经网络模型。PCA-BP 神经网络模型的数据处理能力很强，首先通过 PCA 方法对数据表进行分析，计算得出的主成分可以作为 BP 神经网络的新的学习样本空间，消除了输入数据间的相关性，保持了数据间的独立性，然后将新的学习样本作为 BP 神经网络的输入，并进一步构造神经网络预测模型。这样既简化了网络的结构，又进一步提高了数据分析和处理的精度，可以对统一的公共子空间中的每张数据表进行近似的综合评价。进一步，还可以通过 KPCA-BP 神经网络模型进行具有非线性特性的数据表进行分析和计算。

PCA-BP 神经网络模型已在图像识别、工业状态监测、机械设备故障诊断、系统综合评价等 PCA 应用比较成熟的各领域中成功应用。因此，可以尝试将其引入机构性能综合评价中，可以通过合理的系统抽样，基于多个常用的机构单一性能指标，建立一个机构全局综合性能的 PCA-BP 神经网络模型。

第二章　基于 PCA 的机构综合性能评价算法

机构可分为开链机构与闭链机构，针对不同类型的机构，国内外已提出许多评价机构的单一性能指标，但是由于工程实际中问题的复杂性和多样性，且各单一性能指标之间往往存在相关关系，因此很难直接抓住它们之间的主要关系，缺少兼顾机构综合性能指标。PCA 方法可将多个变量综合成少数变量的一种多元统计方法，可以有效处理变量间的相关性，为解决基于多种单一性能指标进行机构综合评价提供了一种方法。

本章分别针对开链机构与闭链机构，整理其常用的单一性能指标。进而根据不同的研究对象，将 PCA 方法进行合理改进，进而基于各项单一性能指标的数据进行数学分析，以发现该开链机构与闭链机构各种运动学性能和动力学性能之间的关系，从而形成 PCA 及其扩展方法对机构综合性能评价算法，初步为机构综合或工作任务的优序关系研究提供科学的参考依据。

第一节　机构单一性能指标

一、典型开链机构单一性能指标

开链机构运动复杂，且大多数为多自由度的结构，其设计、分析、控制与制造的要求高、难度大。开链机构的构型与参数设计问题通常是通过在一定的约束条件下优化性能指标来完成的，这些指标应该具有明确的意义，并具有可计算性。最典型的开链机构是串联机器人，因此，以串联机器人为研究对象总结其常用的性能指标。

运动学条件数：具有 n 个自由度的机器人在 $m(m \leqslant n)$ 维操作空间的速度方

程可以表示为：

$$\dot{X} = J(q)\dot{q} \qquad (2-1)$$

式中，$\dot{X}$ ——机器人的末端速度；

$\dot{q}$ ——机器人的关节速度。

雅可比矩阵 J 是从关节空间速度 $\dot{q}$ 向操作空间速度 $\dot{X}$ 映射的线性变换。Salibury 和 Craig 将雅可比矩阵 J 的条件数作为 Stanford 机器人尺度的优化准则。条件数定义为：

$$k(J) = \begin{cases} \| J \| \, \| J^{-1} \|，当 m = n，且非奇异时； \\ \| J \| \, \| J^{+} \|，当 m < n 时。 \end{cases} \qquad (2-2)$$

式中，$\| \bullet \|$ ——任意矩阵的范数。

当 $\| \bullet \|$ 取 Euclide 范数时条件数与雅可比矩阵奇异值的关系为：

$$k(J) = \sigma_1 / \sigma_r \qquad (2-3)$$

式中，σ_1 —— J 的最大奇异值；

σ_r —— J 的最小奇异值。

显然，矩阵的条件数的取值范围是 $1 \leqslant k(J) \leqslant \infty$。条件数代表了雅可比转换矩阵向各个方向的变换均衡性。条件数越小，机器人的运动灵活性就越好。条件数 $k(J)$ 为无穷时，表明机器人处于奇异位形；条件数 $k(J) = 1$ 时，机器人的位形为各向同性，各个方向的运动能力均相等。同时条件数也反映了机械臂的精度，从关节空间到操作空间的误差放大系数，条件数越小，机器人的精度也就越高。因此，在设计机器人机械结构时，应尽量使其条件数为 1，这时灵巧性最高，各奇异值相等，$\sigma_1 = \sigma_2 = \cdots = \sigma_r$。

最小奇异值：机器人运动不稳定与奇异现象紧密相关，雅可比矩阵 J 的最小奇异值 σ_r 表示了机器人的奇异程度，决定了实现给定末端速度 $\dot{X}$ 所需关节速度 $\dot{q}$ 的上限，即：

$$\| \dot{q} \| \leqslant \| \dot{X} \| / \sigma_r \qquad (2-4)$$

因此，雅可比矩阵 J 的最小奇异值代表了机器人运动性能最差方向上的运动能力，用来衡量机器人的运动灵活性。当机器人接近奇异位形，σ_r 趋于 0，对于

给定的末端速度 $\dot{X}$ ，$\|\dot{q}\|$ 趋于 ∞ 。因此，在设计机器人机械结构时，要保证雅可比矩阵 J 最小奇异值足够大。

运动学可操作度：运动学条件数反映了机械臂各方向操作能力的均衡性，而可操作度则是对某一位形下机械臂各方向运动的能力做出了综合度量，可以用来衡量机械臂的整体灵活性。Yoshikawa 将雅可比矩阵与其转置矩阵之积的行列式定义为机械臂的可操作度的度量指标。表达式为：

$$\omega = \sqrt{\det(JJ^T)} = \sigma_1 \sigma_2 \cdots \sigma_r \qquad (2\text{-}5)$$

可操作度越大，机器人的运动灵活性就越好；当 $\omega = 0$ 时，表明机器人处于奇异位形。

各向同性指标：Yoshikawa 进一步提出了可操作度椭球，从几何层面上更加清晰、形象地对机器人的运动灵活性进行了阐述。将机器人的关节速度定义为一个单位球。表达式为：

$$\|\dot{q}\|^2 = \dot{q}_1^2 + \dot{q}_2^2 + \cdots + \dot{q}_n^2 \le 1 \qquad (2\text{-}6)$$

通过雅可比矩阵将机器人关节速度表示的 n 维单位球映射为操作空间的一个 m 维椭球，即：

$$\dot{X}^T (JJ^T)^{-1} \dot{X} \le 1 \qquad (2\text{-}7)$$

该椭球的大小反映了末端各个方向上的速度。对应提出各向同性指标用来衡量可操作度椭球的各向同性。表达式为：

$$\Delta = \frac{M}{\psi} = \frac{\sqrt[m]{\det(JJ^T)}}{\dfrac{\text{trace}(JJ^T)}{m}} = \frac{\sqrt[m]{\lambda_1 \lambda_2 \cdots \lambda_m}}{\dfrac{\lambda_1 + \lambda_2 + \cdots + \lambda_m}{m}} \qquad (2\text{-}8)$$

由式（2-8）可知，各向同性指标 $\Delta \le 1$，且 Δ 越大机器人灵活性越好。

其他指标：其他指标也可以用来衡量可操作度椭球的各向同性。表达式为：

$$\Delta' = \frac{M}{\lambda_1} = \frac{\sqrt[m]{\det(JJ)}}{\lambda_1} = \frac{\sqrt[m]{\lambda_1 \lambda_2 \cdots \lambda_m}}{\lambda_1} \qquad (2\text{-}9)$$

由式（2-9）可知，其他指标 $\Delta' \le 1$，且 Δ' 越大机器人灵活性越好。

方向可操作度：一般运动灵活性指标考虑的是机器人各个方向上的运动情况，如运动学条件数和运动学可操作度。而方向可操作度是基于特定任务方向的，称为特定运动灵活性。机器人完成特定任务时，并不对机器人各个方向上的运动能力提出要求，所关心的是在任务要求的方向上机器人是否具有足够的运动能力，Chiu 将其定义为方向可操作度，表达式为：

$$DM = \frac{1}{u\,(JJ^T)^{-1}\,u} \tag{2-10}$$

式中，u——沿末端运动速度方向的单位向量。

方向可操作度的物理意义是沿着任务要求的特定方向上的运动转换能力。方向可操作度越大，机器人的运动灵活性就越好。

广义速度：方向可操作度反映的是在任务要求的方向上机器人的运动能力，而广义速度是对于一个给定任务和已知位形的机器人反映其关节运动变化的大小，广义速度用任务信息来衡量的。雅可比矩阵 J 各行之和的最大值即为雅可比矩阵的无穷范数，将其定义为机器人的广义速度。由此可得出最小广义速度的计算公式为：

$$\gamma_{GVM} = \|\,[J]\,\|_{\infty} \tag{2-11}$$

当机器人处于奇异位形时，广义速度将达到基于机器人本身的最大值；当广义速度为 0 时，关节速度为 0。所以，通常希望机器人的最小广义速度越大越好。

动态可操作度：前述各种机器人的单一性能指标以雅可比矩阵 J 为基础，从运动学的角度讨论机器人的奇异性和灵巧度，定义了各种灵巧性度量指标。其实机器人的动力学性能与这些度量指标也有一定的联系。Yoshikawa 在机器人可操作度分析的基础上，又在加速度分析的基础上提出类似的指标——动态可操作度椭球。动态可操作度椭球是基于矩阵 $E(q)$ 来表示串联机器人的关节驱动力矩 τ 与操作加速度 $\ddot{q}$ 之间的关系，即：

$$\ddot{q} = E(q)\tau \tag{2-12}$$

根据运动学指标用雅可比矩阵 $J(q)$ 定义各种灵巧性指标的方法，将 $E(q)$ 进行奇异值分解，$E(q)$ 的奇异值为 $\sigma_1 \geq \sigma_2 \geq \cdots \geq \sigma_n \geq 0$，进而定义动态可操作度性的度量指标为：

$$w_1 = \sqrt{\det E(q)E^{\tau}(q)} = \sigma_1\sigma_2\cdots\sigma_n \tag{2-13}$$

动力学条件数：动力学条件数 w_2 是矩阵 $E(q)$ 的条件数，即：

$$w_2 = \sigma_2 / \sigma_n \qquad (2-14)$$

在设计机器人结构时,选择动力学参数尽量使最小条件数接近 1。在规划路径时,应优先考虑动力学最小条件数接近 1 的形位。

动力学最小奇异值:$w_3 = \sigma_n$ 是 $E(q)$ 的最小奇异值。其物理意义是当机器人在关节驱动力矩的范数为 1 的情况下,末端所能获得的最小加速度。因此,通常期望动力学最小奇异值越大越好。

工作空间:机器人的工作空间是重要的设计指标,用来确定机器人的优化结构配置。工作空间定义为在机器人运动过程中,其操作器臂端所能达到的全部点所构成的空间,其形状和大小反映了机器人的工作能力。

雅可比矩阵 J 的 Frobenius 范数:绝大多数运动学灵活性指标如运动学条件数,运动学可操作度,方向可操作度,广义速度都是研究机器人的运动情况,而雅可比矩阵 J 的 Frobenius 范数可以用作速度和力的传递性能的一个广义的效率指标。雅可比矩阵 J 的 Frobenius 范数的计算公式为:

$$\gamma_{JFN} = \| [J] \|_f \qquad (2-15)$$

雅可比矩阵 J 的 Frobenius 范数越小,则表征末端载荷在各个方向上引起的关节力矩越小。因此,通常期望雅可比矩阵 J 的 Frobenius 范数越小越好。

除以上提及的单一性能指标外,针对串联机器人还有承载能力、刚度和精度等方面的研究。依据其所需完成的不同工作任务,可以选取更多的单一性能指标来衡量其性能。

二、典型闭链机构单一性能指标

多数常见机构属于闭链机构,包括连杆机构、齿轮机构与凸轮机构等。其中连杆机构种类繁多,能满足各种运动要求,因此,通常以连杆机构作为机构的结构理论主要研究对象。连杆机构包括串联连杆机构和并联连杆机构。对于串联连杆机构,主要集中在速度、机械效益、机械振动和精度等方面;对于并联连杆机构,主要集中在工作空间、操作(速度、力、刚度)灵活度、最小奇异值与条件数、各向同性与灵巧位形、灵活度均匀性指标、速度(力)集合与灵巧操作速度(力)等。

1. 串联连杆机构单一性能指标

（1）行程速比系数。串联连杆机构的急回特性是指机构中的从动件在其两个运动极限位置之间做一快一慢的往复运动。实际应用中，常用其从动件的低速行程作为工作行程，高速行程作为快速空回行程，以节省动力和提高劳动生产率。其急回特性的程度通常用行程速比系数 K 来衡量，表达式为：

$$K = \frac{\text{从动件空回行程平均速度}}{\text{从动件工作行程平均速度}} = \frac{180° + \theta}{180° - \theta} \tag{2-16}$$

式中，θ——极位夹角。

由式（2-16）可知，K 值越大，机构的急回特性越明显，故平面低副机构的极位夹角 θ 和行程速比系数 K 的合理取值范围非常重要。

（2）最小传动角。按最佳传力性能来设计连杆机构一直是机构学者追求的目标，传力性能多以最小传动角作为传力性能的设计指标。机构的传动角越大，机构的传力性能越好；反之，机构的传动角小，机构传力性能越差。因此，为确保连杆机构具有良好的传力性能及较高的传动效率，这类机构设计时必须进行机构传动角的校验，要求机构最小传动角 $\gamma_{\min}$ 必须满足：

$$\gamma_{\min} \geqslant [\gamma] \tag{2-17}$$

式中，$[\gamma]$——机构的许用传动角，通常对于一般机械，$[\gamma] = 40°$；对于重型机械，$[\gamma] = 50°$。

（3）机械效益。连杆机构传递力矩或力的能力通常以机械效益表示。机械效益为机构输出力（力矩）与主动力（力矩）的比值。假定串联连杆机构输入杆上的驱动力矩为 M_1，作用在从动杆上的阻力矩为 M_3，对应的角速度分别为 ω_1 和 ω_3。若忽略机构运动中的各种功率损失，则有 $M_1\omega_1 = M_3\omega_3$。故机械效益为：

$$M_a = \frac{M_3}{M_1} = \frac{\omega_1}{\omega_3} \tag{2-18}$$

所以，通常在设计过程中，应尽量使所设计的机构的最小机械效益达到最大。

（4）类（角）速度和类（角）加速度。类（角）速度和类（角）加速度极值反映了机构运动学和动力学特性的基本性能。类（角）速度是指输出构件位移（转角）对原动件位移（转角）的一阶导数极值，反映了机构（角）速度波动和运动学特性。类（角）加速度是指输出构件位移（转角）对原动件位移（转角）的二阶导数，反映机构动力学特性的，其大小会引起机器的振动、应力和载荷的变化。

这两种性能指标是串联连杆机构的重要性能参数。特别是在高速机构中，惯性对机构性能影响很大，类（角）加速度可作为一个度量机构惯性的指标。

（5）一次循环功。实际应用中，串联连杆机构的从动件循环对外做的功，在机构运动的一个循环中，对外做的功为机构的一次循环功。机构的一次循环功指标衡量了机构能量的大小。

（6）工作空间。连杆机构的工作空间是重要的设计指标，用来确定连杆机构的优化结构配置。工作空间定义为在连杆机构运动过程中，各连杆所能达到的全部点所构成的空间，其形状和大小反映了一个连杆机构的工作能力。

除以上各种单一性能指标外，不同形式的连杆机构依据其结构特点，还可以选取更多的性能指标来衡量结构的性能。

2. 并联连杆机构单一性能指标

并联机构是一种在末端执行器与基座之间有两个或多个分支运动链连接的机构，其性能评价是机构研究的重要内容之一，并联机构的单一性能指标对结构参数的选取和控制策略的拟定具有决定性作用。并联连杆机构常用的性能指标如下。

（1）速度性能指标。并联机构各支链伸缩速度为 $\dot{l}$，动平台广义速度为 $\dot{X}$，则机构的输入输出速度关系满足：

$$\dot{l} = J\dot{X} \tag{2-19}$$

式中，J——各支链输入速度对动平台位姿速度的一阶影响系数矩阵。

当矩阵 J 非奇异时，则有

$$\dot{X} = G\dot{l} \tag{2-20}$$

式中，G——动平台位姿速度对各支链输入速度的一阶影响系数矩阵，即通常所说的并联机构的雅可比矩阵，$G=J^{-1}$。

类比串联机器人，可用雅可比矩阵 G 的条件数度量机构运动精度。k_G 越小，机构的速度偏差越小；对雅可比矩阵 G 的奇异值分解，σ_1，σ_2，$\cdots$，σ_r 为雅可比矩阵 G 的奇异值，可用最小奇异值 σ_r 衡量实现给定末端速度所需关节速度上限，σ_r 越小，对于给定的末端速度关节速度趋于无穷；定义可操作度 $\omega = \sqrt{\det(GG^T)} - \upsilon_1\upsilon_2\cdots\sigma_r$，表示并联机构各个方向上运动能力，衡量机构的整体灵活性，ω 越大，并联机构的运动灵活性就越好；定义方向可操作度 $DM = \dfrac{1}{u(JJ^T)^{-1}u}$，表示并联机构沿着任务要求的特定方向 u 上运动转换能力，DM 越大，机构的运动灵活性就越好。

（2）加速度性能指标。大多数并联机构的各支链与动平台之间的位置关系可表示为一强耦合的非线性方程组，输入与输出之间的加速度关系复杂。当各支链存在加速度扰动 $\delta\ddot{l}$ 时，动平台的广义加速度扰动 $\delta\ddot{X}$ 不仅与 $\delta\ddot{l}$ 有关，同时还与速度扰动有关。式（2-19）和式（2-20）分别对时间求导得：

$$\ddot{l} = J\ddot{X} + \begin{bmatrix} \dot{X}^T & \dot{X}^T & \dot{X}^T & \dot{X}^T \end{bmatrix} K\dot{X} \tag{2-21}$$

式中，K ——支链输入加速度对动平台位姿加速度的二阶影响系数矩阵。

$$\ddot{X} = G\ddot{l} + \begin{bmatrix} \dot{l}^T & \dot{l}^T & \dot{l}^T & \dot{l}^T \end{bmatrix} H\dot{l} \tag{2-22}$$

式中，H ——动平台位姿加速度对各支链输入加速度的二阶影响系数矩阵。

由式（2-21）和式（2-22）可知，加速度的扰动与 $\|G\|\,\|G^{-1}\|$ 和 $\|H\|\,\|H^{-1}\|$ 有关。定义 H 的条件数 $k_H = \|H\|\,\|H^{-1}\|$。k_H 越小，并联机构的加速度偏差相对越小。

（3）惯性力性能指标。根据前述分析，采用 $g = \|G\| + \|H\|$ 作为评价指标，衡量并联机构各支链扰动对惯性力敏感程度。显然，g 越小，惯性力影响越小。

（4）工作空间。并联机构的工作空间是指机构动平台可达的位姿集合，是衡量并联机构性能的重要指标，根据操作器工作时的位姿特点，工作空间可分为完全工作空间、姿态无约束位置空间、位置无约束姿态空间、定姿态位置空间和定位置姿态空间。其中，后四类工作空间是完全工作空间的子集。由于完全工作空间一般难以表述，引入后四类工作空间，可从不同角度对机构的位姿能力进行描述，可根据需要选择。

第二节　机构综合性能评价中 PCA 算法

选择 p 个机构的单一性能指标对机构的综合性能进行分析和评价，可得原始变量 $X = (x_1, x_2, \cdots, x_p)^T$ 为 p 维的随机变量，PCA 就是在满足：

$$\begin{cases} \sum_{j=1}^{p} u_{ij}^2 = 1 \\ \sum_{j=1}^{p} u_{ij}u_{kj} = 0 (i \neq k) \end{cases} \quad (2-23)$$

求解线性变换：

$$\begin{cases} y_1 = U_1 X = u_{11}x_1 + u_{12}x_2 + \cdots + u_{1p}x_p \\ y_2 = U_2 X = u_{21}x_1 + u_{22}x_2 + \cdots + u_{2p}x_p \\ \vdots \\ y_p = U_p X = u_{p1}x_1 + u_{p2}x_2 + \cdots + u_{pp}x_p \end{cases} \quad (2-24)$$

由此得出式（2-24）描述的机构性能的新综合性能指标 y_1，y_2，$\cdots$，y_p，为原变量指标 x_1，x_2，$\cdots$，x_p 的第 1，第 2，$\cdots\cdots$，第 p 个主成分。其中新综合性能指标 y_1 在总方差中所占的比例最大，而 y_2，$\cdots$，y_p 的方差依次递减，则认为综合性能指标 y_1 可以尽可能多地反映原来 p 个单一性能指标的信息。

设 n 种样本的 p 个机构单一性能指标样本资料数据矩阵为：

$$X = \begin{bmatrix} x_1(1) & x_2(1) & \cdots & x_p(1) \\ x_1(2) & x_2(2) & \cdots & x_p(2) \\ \vdots & \vdots & \ddots & \vdots \\ x_1(n) & x_2(n) & \cdots & x_p(n) \end{bmatrix}_{n \times p}$$

PCA 的计算步骤如下：

第一，对原始数据进行标准化包括数据的正向化和无量纲化，在多指标综合评价中，机构的单一性能指标可分为 3 类，分别是正向指标、逆向指标、适度指标。其中正向指标的值越大，则认为机构的某一项性能越好；逆向指标的值越小，则认为机构的某一项性能越好；适度指标的值越接近某个值 t 越好。在综合评价时，首先必须将指标同趋势化，一般是将逆向指标和适度指标转化为正向指标，所以也称为指标的正向化。

在实际应用中，逆向指标的正向化参照下式：

$$x'_i = 1/x_i \qquad (2-25)$$

适度指标的正向化参照下式：

$$x'_i = 1/(x_i - t) \qquad (2-26)$$

式中，t——指标的最佳值。

对多种不同评价指标进行正向化后，还需要考虑不同指标往往具有不同的量纲和量纲单位，为了消除由此带来的不可公度性，还应将各评价指标作无量纲化处理。目前最普遍使用的无量纲化方法是标准化法，采用 Z-Score 变换对正向化得到的矩阵 X' 进行标准化，其标准化公式为：

$$Z_{ij}' = (x'_i(j) - \overline{x'_i})/S_i \qquad (2-27)$$

式中，$\overline{x'_i} = \sum_{j=1}^{n} x'_i(j)/n$ ；

$$S_i = \sqrt{\frac{\sum_{i=1}^{n} (x'_i(j) - \overline{x'_i})^2}{n-1}} \text{。}$$

经标准化后，各单一性能指标的均值为 0，方差为 1，消除了量纲和数量级的影响。得到标准化矩阵：

$$Z = \begin{bmatrix} z_1(1) & z_2(1) & \cdots & z_p(1) \\ z_1(2) & z_2(2) & \cdots & z_p(2) \\ \vdots & \vdots & \ddots & \vdots \\ z_1(n) & z_2(n) & \cdots & z_p(n) \end{bmatrix}_{n \times p}$$

第二，由于单一灵活性指标间可能存在一定的相关性，使数据存在一定的信息重叠，应用相关系数矩阵可以充分反映灵活性指标间的相关性，这也是降维的首要条件。对标准化后的矩阵计算的相关系数矩阵 $R = [r_{ij}]_{p \times p}$ 表示如下：

$$R = \frac{1}{p-1} Z'Z \qquad (2-28)$$

式中，Z' —— Z 矩阵的转置矩阵。

第三，计算矩阵 R 的特征值 λ_i 及其相应的特征向量 ZX_i，特征值及其相应的特征向量的计算是分离的一个是计算行列式，另一个是解齐次线性方程组。

由方程 $|\lambda I - R| = 0$ 得到 p 个特征值，并按 λ_i 的大小升序排列依次为 $\lambda_1 \geqslant \lambda_2 \geqslant \cdots \geqslant \lambda_p \geqslant 0$。

由方程组 $(\lambda I - R)X = 0$ 得到对应的 p 个特征根的特征向量为 $U = [U_1 \quad U_2 \quad \cdots \quad U_p]'$。$ZX_i$ 为对应于特征根 λ_i 单位特征向量，$U_i = [u_{1i} \quad u_{2i} \quad \cdots \quad u_{pi}]$。

第四，计算主成分的贡献率及累积贡献率，第 k 个主成分的贡献率为 $\lambda_k / \sum_{i=1}^{p} \lambda_i$，前 q 个主成分累积贡献率为：

$$\alpha = \sum_{i=1}^{q} \lambda_i / \sum_{i=1}^{p} \lambda_i \qquad (2-29)$$

一般选用累积贡献率 $\alpha \geqslant 80\%$ 的前 q 个主成分或特征值 $\geqslant 1$ 的前 q 个主成分来构成机构综合性能的评价指标。由于各主成分都是各原始单一性能指标的线性组合，而主成分的数目却大大少于原始单一性能指标的数目，且各主成分之间互不相关，所以通过 PCA 计算，可以从原始单一性能指标之间错综复杂的关系中找到 q 个主成分，有效利用大量数据进行定量分析，揭示原始单一性能指标之间的关系，构成新的综合性能指标对机构性能进行评价。

第五，将标准化后的样本数据代入式（2-24）中的前 q 个主成分的表达式中，可以分别计算出前 q 个主成分的得分，可以使用这些主成分，进一步对机构综合性能或工作任务的优序关系进行研究。

机构综合性能评价的 PCA 算法流程图如图 2-1 所示。由图 2-1 可知，在对机构进行综合性能分析和评价的过程中，机构构型确定后，尽可能多的选择机构单一性能指标，然后基于 PCA 方法将这些指标的特点综合而成少数几个新的综合性能指标，这几个新指标既能够尽可能多地反映机构性能的信息，而且彼此间又差异显著，从而通过对这几个主成分的分析来实现对机构性能的综合评价，进而可以通过对 PCA 的评价结果来实现对机构的构型和尺度进行合理的选择，比人为地确定权数更能客观地反映样本间的现实关系。

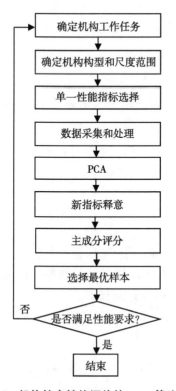

图 2-1 机构综合性能评价的 PCA 算法流程

第三节 机构综合性能评价中 PCA 改进算法

传统 PCA 方法直接应用于机构综合性能分析和评价时,由于其本身性能的限制,针对不同类型的机构进行综合性能分析时会出现不足之处。因此,在机构进行综合性能分析中引入 PCA 的改进算法,扩大了基于 PCA 方法在机构综合性能评价中的应用领域。

一、KPCA 算法

PCA 方法可以有效地来处理机构各种单一性能指标间的线性关系,但本身性能的限制,会出现很多问题。这是由于机构的单一性能指标间的关系往往是非线性的，线性 PCA 评价方法中可能出现各指标的贡献率过于分散的情况，导致数据压缩不充分，引起主成分个数增多，而主成分个数的取舍可能导致计算结果不准确，同时机构性能指标的非线性特征难以提取，无法全面地评价机构的综合性能。PCA 的改进方法——KPCA，是将核方法应用到 PCA 中，可用于描述多维数据间的非线性关系的特征分析。基于核函数的 PCA 方法是利用线性代数、支持向量机等有关理论来实现非线性空间的降维，在解决信息冗余的同时，保证了原始信息的完整性。其主要思想是通过非线性映射 Φ，将标准化后的性能指标的原

始数据 $Z = \begin{bmatrix} z_1(1) & z_2(1) & \cdots & z_p(1) \\ z_1(2) & z_2(2) & \cdots & z_p(2) \\ \vdots & \vdots & \ddots & \vdots \\ z_1(n) & z_2(n) & \cdots & z_p(n) \end{bmatrix}_{n \times p}$ 映射到一个高维线性特征空间 F 之中，

然后在空间 F 中使用 PCA 方法计算得到的线性主成分，实质上就是原始输入空间的非线性主元。KPCA 的计算步骤如下。

设 $x_i \in R^n$（$i = 1, 2, \cdots, p$）为输入空间的 n 维样本点。通过非线性映射 Φ 将 R^n 映射到特征空间 F，即：

$$\Phi: R^n \rightarrow F, \ z \rightarrow \varphi(z) \tag{2-30}$$

F 中的样本点记作 $\varphi(z_i)$。非线性映射 Φ 往往不易求得，KPCA 方法通过核函数从输入空间到特征空间进行非线性映射。

核函数的确定并不困难，满足 Mercer 条件的任意对称函数（实正定函数）都可以作为核函数。Mercer 条件指出，任意的对称函数 $K(x, x')$ 是某个特征空间中的内积运算的充分必要条件是对于任意的 $\varphi(x) \neq 0$ 且 $\int \varphi^2(x) dx < \infty$，

有 $\iint K(x, x') \varphi(x) \varphi(x') dx dx' > 0$（半正定条件）。这样的对称函数 $K(x, x')$ 可以作为核函数。常用的核函数如下。

高斯核函数：

$$k(x_i, x_j) = \exp\left(\frac{-\parallel x_i - x_j \parallel^2}{2a^2}\right) \tag{2-31}$$

多项式核函数：

$$k(x_i, x_j) = [x_i \cdot (bx_j) + 1]^c \ (c = 1, 2, \cdots, n) \tag{2-32}$$

感知器核函数：

$$k(x_i, x_j) = \tanh(x_i \cdot x_j + d) \tag{2-33}$$

式（2-31）、式（2-32）和式（2-33）中的 a、b、c、d 为选定的参数。

将 KPCA 应用于机构综合性能评价时，核函数及其参数选择的好坏直接影响评价结果的优劣。常用的核函数中，高斯核函数是局部性很强的核函数，其内推能力即学习能力，随着参数 a 的增大而减弱；多项式核函数有着良好的全局性质，具有很强的外推能力即推广能力，而且阶数 c 越低，推广能力越强。感知器核函数实现的是包含一个隐层的多层感知器。而由于主成分的贡献率，即核函数矩阵的特征值与函数的类型和参数之间具有一一对应的非线性关系，核函数类型及其参数的确定实质上是一个非线性寻优过程。所以可以以第一主成分贡献率为目标函数，以核函数参数类型及其参数为优化变量建立优化问题来选择合适的核函数。

映射后的数据 $\varphi(z_i)$ 的相关系数矩阵为：

$$C = \left[\frac{1}{p-1} \varphi(z_i)' \varphi(z_i) \right]_{p \times p} \tag{2-34}$$

由于矩阵 C 的半正定性，必然存在另一组基下的对角矩阵与其相似。一组基下的半正定矩阵的相似矩阵可以表示为另一组基下以其特征值为对角元的对角矩阵。而两组基的变换矩阵则是由其特征向量组成的矩阵。故可以得到下式：

$$\lambda v = Cv \tag{2-35}$$

式中，λ——C 的特征值；

v——C 的特征向量。

将每个机构样本的性能指标数值与式（2-35）做内积，即：

$$\lambda[\varphi(z_i), v] = \varphi(z_i) \cdot Cv \tag{2-36}$$

因为特征向量可以由数据集线性张成，即线性表示。所以可以得到下式：

$$v = \sum_{i=1}^{p} \alpha_i \varphi(z_i) \tag{2-37}$$

将式（2-34）和式（2-37）代入式（2-36），可以得到下式：

$$\lambda \sum_{i=1}^{p} \alpha_i [\varphi(z_k), \varphi(z_i)] = \frac{1}{p} \sum_{i=1}^{p} \alpha_i [\varphi(z_k), \sum_{j=1}^{p} \varphi(z_j)] \cdot [\varphi(z_j), \varphi(z_i)]$$

(2-38)

定义核矩阵 $K = [\varphi(z_j), \varphi(z_i)]_{p \times p}$，由于其为对称阵，则式（2-38）可表示为：

$$\lambda K\alpha = \frac{1}{p} KK\alpha$$

(2-39)

进而可得：

$$p\lambda\alpha = K\alpha$$

(2-40)

核矩阵 K 可选择核函数来确定。式（2-40）求解可得要求的特征值 $\lambda_1 \geqslant \lambda_2 \geqslant \cdots \geqslant \lambda_p \geqslant 0$ 及其对应的特征向量 α_1，α_2，$\cdots$，α_p。

为了提取主成分，需计算 v 在特征空间上的投影：

$$t_k = \sum_{i=1}^{p} \alpha_{k,i} [\varphi(z_i), \varphi(z)] = \sum_{i=1}^{p} \alpha_{k,i} K(z_i, z)$$

(2-41)

式中，$\alpha_{k,i}$ ——K 的第 k 个特征值对 α_k 的第 i 个系数。

t_k 就是标准化后的机构单一性能指标数据矩阵。

$$Z = \begin{bmatrix} z_1(1) & z_2(1) & \cdots & z_p(1) \\ z_1(2) & z_2(2) & \cdots & z_p(2) \\ \vdots & \vdots & \ddots & \vdots \\ z_1(n) & z_2(n) & \cdots & z_p(n) \end{bmatrix}_{n \times p}$$

在高维空间投影得到的非线性主成分的评价结果。

机构综合性能评价的 KPCA 算法流程如图 2-2 所示。根据设定的工作目标，机构的构型和尺度范围确定后，尽可能多地选择机构的单一性能指标，当 PCA 计算得到的第一主成分代表的机构综合性能的贡献率无法达到 80% 时，则基于 KPCA 方法将这些指标数据投影到高维空间进行 PCA 计算，通过合理选择核函数及其参数，从而可以通过第一核主成分在特征空间上的投影来得到不同机构样本的综合性能评分，进而合理选择机构的构型和尺度。

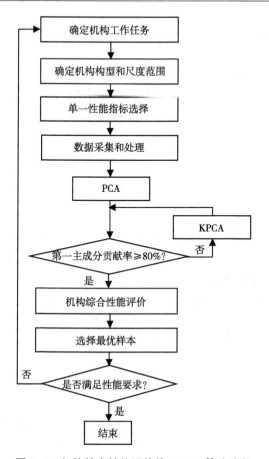

图 2-2　机构综合性能评价的 KPCA 算法流程

基于 KPCA 的机构综合性能评价的优点如下：

——KPCA 在选择机构单一性能指标的原则是宁多勿少，从而减少了单一性能指标选择的工作量，且能消除单一性能指标间的相关影响；

——KPCA 方法可以有效地处理单一性能指标间的非线性关系，为解决多指标综合评价提供了一种新的手段；

——相对 PCA 方法，KPCA 方法可以通过选取适当的核函数使第一主成分的贡献率达到 80% 以上，降维效果较 PCA 明显，有效避免 PCA 中因各指标贡献率过于分散而影响评价效果。

二、FPCA 算法

奇异位形是机构的一个重要的运动学特性，当机构在工作空间中的处于奇异位形时，机构的输出构件不能实现沿任意方向的微小位移或转动，机构的某些单一性能指标可能会出现极端值，综合性能较差。由于 PCA 方法与其他的多元统计分析方法一样，对极端值非常敏感，而奇异是许多机构都会发生的一种不可回避的现象，所以基于 PCA 方法进行机构性能的综合评价时，通常根据机构的结构特点具体分析，尽可能找出所有的奇异点及其周围运动空间，进而使机构在控制过程中避开奇异区间，从而选择非奇异区间时的样本数值 PCA 计算。针对实际问题中经典 PCA 对异常数据非常敏感的问题，并结合多指标综合评价的特点；将模糊均值、模糊方差、模糊协方差及模糊相关系数引入经典 PCA 中，提出FPCA及其算法。FPCA 算法如下：

选择 p 个机构的单一性能指标对机构的综合性能进行分析和评价，可得原始变量 $X = (x_1, x_2, \cdots, x_p)^T$ 为 p 维的随机变量，隶属度 $N = (\mu_1, \mu_2, \cdots, \mu_p)$，则模糊集合 $F = (X, N) = (x_1\mu_1, x_2\mu_2, \cdots, x_p\mu_p)$。则可定义模糊均值为：

$$\tilde{x} = \frac{\sum_{k=1}^{p} x_k\mu_k}{\sum_{k=1}^{p} \mu_k} \tag{2-42}$$

模糊离差为：

$$\tilde{d} = \frac{\sum_{k=1}^{p} d_k\mu_k}{\sum_{k=1}^{p} \mu_k} \tag{2-43}$$

式中，$d_k = |x_k - \tilde{x}|$。

进而可求模糊方差为：

$$FV(\tilde{D}) = \frac{\sum_{k=1}^{p} \tilde{v}_k\mu_k}{\sum_{k=1}^{p} \mu_k} \tag{2-44}$$

模糊数学期望 $\tilde{V} = (\tilde{v}_1, \tilde{v}_2, \cdots, \tilde{v}_p)$，$\tilde{v}_k = (x_k - \tilde{x})^2$，则 $\tilde{X}_i$ 和 $\tilde{X}_j$ 的模糊协方差为：

$$Fcov(\tilde{X}_i, \tilde{X}_j) = \frac{\sum_{k=1}^{p} (x_{ik} - \tilde{x}_i)(x_{jk} - \tilde{x}_j)\mu_{ik}\mu_{jk}}{\sum_{k=1}^{p} \mu_{ik}\mu_{jk}} \tag{2-45}$$

对应的模糊相关系数为：

$$Fcor(\tilde{X}_i, \tilde{X}_j) = \frac{Fcov(\tilde{X}_i, \tilde{X}_j)}{\sqrt{Fcov(\tilde{X}_i, \tilde{X}_i)Fcov(\tilde{X}_j, \tilde{X}_j)}} \tag{2-46}$$

由模糊相关系数阵，求出其特征根 $\lambda_1 \geqslant \lambda_2 \geqslant \cdots \geqslant \lambda_p \geqslant 0$ 和对应的特征向量 $U = (U_1, U_2, \cdots, U_p)^T$。模糊主成分为：

$$FF_i = U_i^T \tilde{X}, \ i = 1, 2, \cdots, p \tag{2-47}$$

通过 FPCA 计算可以用尽可能少的模糊主成分 FF_1，FF_2，$\cdots$，$FF_k(k \leqslant p)$ 来代替原来的 p 个机构单一性能指标。同于 PCA 和 KPCA，主成分个数的多少取决于能够反映原来变量 80% 以上的信息量为依据，即当累积贡献率 $\geqslant 80\%$ 时的主成分的个数就足够。

机构综合性能评价的 KPCA 算法流程如图 2-3 所示。机构处于奇异位形时，部分单一性能指标的数值为极端值，所以根据数据样本特点，首选需要合理选择隶属度函数及其参数。模糊隶属度函数是 FPCA 过程中的基本要素，直接影响综合评价结论的准确性。模糊数学中根据不同的应用对象，选择不同的隶属度函数及其参数，吸收奇异位形及其附近的极端值对计算结果的影响，突出主要信息。

应用 FPCA 进行机构综合性能分析和评价，除了具备 PCA 方法的优点以外，还具有如下优点。

第一，减少了样本数值选择的工作量，无须使机构在控制过程中避开奇异区间，以选择非奇异区间时的样本数值 PCA 计算。

第二，在 FPCA 将原始变量变换为成分的过程中，同时形成了反映成分和指标包含信息量的权数，以计算综合评价值，比人为地确定权数更能客观地反映样本间的现实关系。

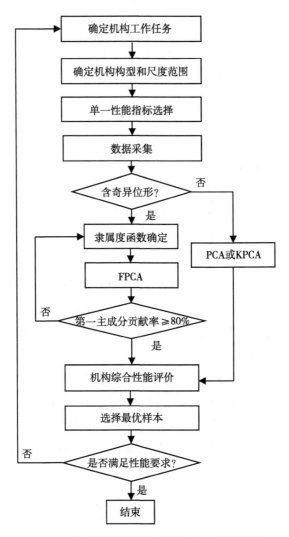

图 2-3　机构综合性能评价的 FPCA 算法流程

第三，通过选取适当的隶属度函数及其参数使第一主成分的贡献率达到 80% 以上，能够有效避免 PCA 中因各指标贡献率过于分散而影响评价效果。

三、PCA-BP 神经网络算法

以上 PCA 方法及其扩展方法是基于特定变化范围及其特定采样点的多维变量进行机构综合分析及评价，因此对于样本采用的是系统抽样方法，是对所有机构的构型和尺度直接进行随机抽样的一种组织方法，可以迅速获得样本观察值。但对于能够完成特定工作任务的任一构型的机构，如果对每张数据表分别进行 PCA 计算，则不同的数据表有完全不同的主超片面，无法保证系统分析的统一性和可比性，也就无法对整个系统进行比较和评估。当对完成特定工作任务的任一构型的机构进行 PCA 计算，进而评价机构的综合性能时，往往希望寻找一个对所有构型和尺度的机构来说是统一的公共子空间，将每张数据表在其上的投影得到近似的综合评价，并且从全局看，该公共子空间的综合评价效果是最佳的，即寻找一种全局 PCA 方法进行机构综合性能的分析和评价。

BP 神经网络模型拓扑结构包括输入层、隐含层和输出层，能够对具有有限个不连续点的函数进行逼近，具有很强的映射能力。隐含层节点数越多，误差越小，训练效果越好。由于隐层的选择直接关系到 BP 网络模型对测试样本的识别能力，节点数太少，网络的收敛性差，辨识率低。隐层神经元数目主要依靠经验公式及多次试验来确定最佳个数，经验公式主要有以下 3 个：

$$\sum_{i=0}^{n} C_{n_i}^{i} > k \tag{2-48}$$

$$n_1 = \sqrt{n + m} + a \tag{2-49}$$

$$n_1 = \log_2^n \tag{2-50}$$

式中，k——样本数；

$\quad\quad n_1$——隐层单元数；

$\quad\quad n$——输入单元数；

$\quad\quad m$——输出单元数；

$\quad\quad a$—— [1，10] 的常数。

BP 神经网络的学习算法有很多变化形式，对应的训练函数包括 traingd、traingm、traingdx、trainrp、traincgp、traincgf、traincgb、trainscg、trainbfg、trainoss、trainlm 和 trainbr 等，根据实际问题选取合适的训练函数。BP 算法沿着

误差函数减小最快的方向改变权值和偏差，其迭代计算公式为：

$$x_{k+1} = x_k - a_k g_k \qquad (2\text{-}51)$$

式中，　x_k——当前的权值和偏差；

　　　　x_{k+1}——迭代产生的下一次的权值与偏差；

　　　　g_k——当前误差函数的梯度；

　　　　a_k——学习速率。

对机构综合性能进行评价的过程中，输入 BP 神经网络信号是工作空间中机构的构型和尺度或机构的不同工作任务，输出信号是不同构型和尺度或者完成不同工作任务时对应机构综合性能的评分。因此，全局 PCA 方法的 BP 神经网络模型如图 2-4 所示。

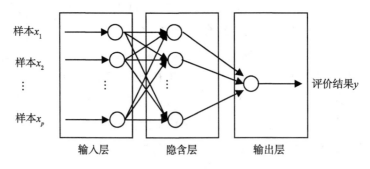

样本x_1

样本x_2

样本x_p

评价结果y

输入层　　　　隐含层　　　　输出层

图 2-4　全局 PCA 方法的 BP 神经网络模型

将 PCA 与 BP 神经网络法串联，建立 PCA-BP 神经网络模型，机构综合性能评价的 PCA-BP 神经网络算法流程如图 2-5 所示。

对 BP 网络的输入既可以是某种构型的不同尺度的机构对应综合性能评分组合，即可方便、准确地输出该尺度范围内任意尺度的机构的综合性能评价结果；也可以是某种特定构型和尺度的工作空间内不同工作任务的组合对应综合性能评分，即可得到特定工作空间中完成任意工作任务的机构的综合性能评价结果。应用 PCA-BP 网络的全局 PCA 进行机构综合性能分析和评价，保持了 PCA 或 KPCA 应用于机构综合性能分析和评价的可行性和优越性的同时，还具有如下优点：

——改进 BP 神经网络较易陷入局部极小和收敛速度很慢等不足之处；

——改进了样本数值选择的工作量，无须对一定范围内不同精度的样本分别进行 PCA 计算；

——通过合理的系统抽样，应用 PCA-BP 网络的全局 PCA 具有较为广泛的适用性，使得该评价模型能在不同的设计样本中得到应用，对于进一步提高机构综合性能分析和评价的效率具有一定的实用意义。

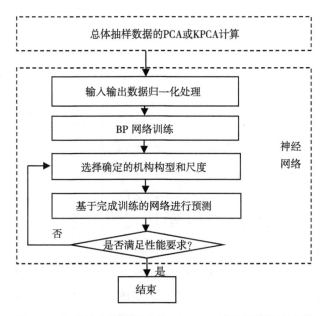

图 2-5　机构综合性能评价的 PCA-BP 神经网络算法流程

四、RPCA 算法

传统 PCA 建模过程中，不同变量参数的重要性有所不同，若较小的主成分中包含重要的系统信息，舍弃较小主成分，将导致重要的信息丢失，否则，主成分个数增多将导致系统复杂。针对这个问题，引入 RPCA，首先，通过预处理，消除因量纲差异所带来的虚假影响，使得各个分变量处于"平等"的地位；其次，利用系统各分量的先验知识，并根据系统的实际要求，在一定准则下赋予系统各分量不同的权值，建立起 RPCA 模型；最后，实现能更有效地获取、分析和利用系统所需要的信息。

RPCA 用于机构的综合性能评价时，比重因子的引入使得 RPCA 模型有可能更多地利用该机构的先验信息，方便了主成分的选取，从而更有效地辨识综合性能指标；RPCA 用于数据压缩时，比重因子的引入，提高了相对主成分的代表能力，比 PCA 更能体现出其在数据压缩中的优越性。RPCA 算法如下。

首先对设 n 种样本的 p 个机构单一性能指标数据矩阵 X 进行相对化变换：

$$X^R = X \cdot W = \begin{bmatrix} x_1(1) & x_2(1) & \cdots & x_p(1) \\ x_1(2) & x_2(2) & \cdots & x_p(2) \\ \vdots & \vdots & \ddots & \vdots \\ x_1(n) & x_2(n) & \cdots & x_p(n) \end{bmatrix} \cdot \begin{bmatrix} w_1 & 0 & 0 & 0 \\ 0 & w_2 & 0 & 0 \\ \vdots & \vdots & \ddots & \vdots \\ 0 & 0 & 0 & w_p \end{bmatrix}$$

$$= \begin{bmatrix} x_1^r(1) & x_2^r(1) & \cdots & x_p^r(1) \\ x_1^r(2) & x_2^r(2) & \cdots & x_p^r(2) \\ \vdots & \vdots & \ddots & \vdots \\ x_1^r(n) & x_2^r(n) & \cdots & x_p^r(n) \end{bmatrix} \tag{2-52}$$

式中，X^R ——相对化变换后的矩阵，$x_i^r = w_i x_i$，$i=1, 2, \cdots, p$；

W ——相应的相对化变换算子，$w_i = \mu_i m_i > 0$。

其中，μ_i 为比重因子，是一种根据实际机构而定的先验信息，它分别作用在每个单一性能指标上，其大小体现了相应分变量在系统中的相对重要程度；m_i 是对应随机变量的标准化因子，事实上，依据不同的综合评价对象，有多种标准化选择方式，最常用的算法可参考式（2-27）。所以，标准化因子 m_i 的作用是去除各单一性能指标的不同量纲，从而使系统内各单一性能指标"平等"；而比重因子 μ_i 则体现了"平等"后的系统第 i 个单一的"相对"性能指标对整个机构的综合性能的影响程度。

进而计算 X^R 的协方差矩阵 C，求出其特征根 $\lambda_1^r \geqslant \lambda_2^r \geqslant \cdots \geqslant \lambda_p^r \geqslant 0$ 和对应的特征向量 $U = (U_1^r, U_2^r, \cdots, U_p^r)^T$。相对主成分为：

$$y_i^r = U_i^{r^T} X^r，i = 1, 2, \cdots, p \tag{2-53}$$

通过 RPCA 计算可以用尽可能少的相对主成分 $y_1^r, y_2^r, \cdots, y_k^r(k \leqslant p)$ 来代替原来的 p 机构单一性能指标。通常，当累积贡献率 $\geqslant 80\%$ 时的相对主成分的个数就足够。

机构综合性能评价的 RPCA 算法流程如图 2-6 所示。RPCA 方法的关键在于分别确定变量的标准化因子 m_i 和比重因子 μ_i，消除因量纲差异的影响，并赋予机构各单一性能指标不同的权值，建立相对主成分模型，进而通过 PCA 方法，构建机构的综合性能指标，进行机构的综合性能评价。值得注意的是，标准化因子 m_i 的作用效果即是 Z-Score 变换的无量纲化方法的效果。

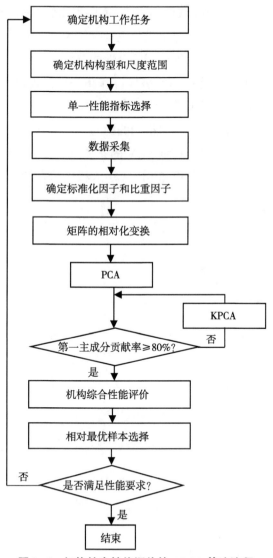

图 2-6　机构综合性能评价的 RPCA 算法流程

应用 RPCA 方法进行机构综合性能分析和评价，除了具备 PCA 方法的优点以外，还具有如下优点：

——相对化变换将使得各单一性能指标变量的矩阵经去量纲标准化之后的能尽量摆脱分布"均匀"的现象；

——经相对化变换后的性能矩阵不仅保持了原来各单一性能指标之间的相关性，且经相对化变换后求取的相对主成分更具有代表性，方便主成分的选取，从而能进行更有效的提取机构的性能进行综合性能分析和评价。

综上，由于机构单一性能指标的多样性和相关性，提出了基于 PCA 方法的机构综合性能评价算法，从而基于 PCA 来实现对机构性能的综合评价，进而可以通过对主成分的评价结果来实现对机构的构型和尺度同步综合。并且，针对传统 PCA 方法的不足，可以将 4 种 PCA 的扩展方法——KPCA、FPCA、基于 PCA-BP 神经网络模型的全局分析和 RPCA 引入机构综合性能评价中。

第三章　典型开链机构综合性能分析和评价

典型的开链机构主要是串联机器人，由于串联机器人结构相对简单、运动空间大、易于控制，已在机床、装配车间等很多工业领域成功应用，因此，串联机器人是开链机构的结构理论主要研究对象。机器人的机构是实现各种运动和完成各项指定任务的主体，机构分析和综合是机器人创新和发展的核心技术之一。其中机器人机构分析是对已有机器人进行运动学分析、动力学分析、运动控制、路径规划等；机器人机构综合则是探索作为机械承载本体的新机构类型。

本章基于多种类型的平面串联机器人和空间串联机器人，首先选择灵活性指标，研究基于 PCA 方法及其扩展方法对面向工作任务的不同构型和不同尺度的机器人的综合灵活性进行分析和评价，从而选择机构的最优工作任务、构型和尺度；其次考虑串联机器人工作任务中包含的奇异位形的特殊情况，将模糊集的概念引入 PCA，选择 PCA 的扩展方法进行机器人运动灵活性的综合评价，消除极端值的影响，更为准确地对机器人的运动学灵活性进行综合评价；最后选择串联机器人的各类运动学和动力学指标，对机器人的综合性能进行分析和评价，为机构构型和尺度同步综合提供科学的参考依据。

第一节　面向任务的串联机器人综合运动灵活性分析和评价

机器人的运动灵活性是机器人运动学方面的重要研究内容，反映了整个系统对运动的全局转化能力。在运动灵活性的研究中，核心是对灵活性指标的研究。但是由于工程实际中问题的复杂性和多样性，又由于机器人各种单一的灵活性指标是相互关联影响，因此，基于机器人灵活性的运动优化设计不仅要考虑对其特定性能的要求，还要强调其综合的运动灵活性的优劣。根据系统工程的思想，机构综合性能分析应结合机器人的任务需求，才能保证机器人机构满足系统性能要求。因此，尝试揭示机器人机构综合性能与机构类型、尺寸及其工作任务之间的映射规律，建立一种面向工作任务的、具有普遍适用性的机器人机构分析和评价方法。

一、典型空间串联机器人结构及任务

选用两种具有代表意义的串联机器人进行研究。其中，PUMA 型空间 3R 机器人结构模型如图 3-1 所示；另一种空间 3R 机器人结构模型如图 3-2 所示。

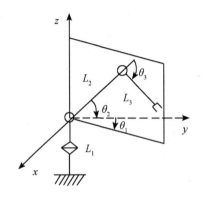

图 3-1　PUMA 型空间 3R 机器人

两类机器人在 18 个不同位置完成打点任务，任务的圆心位置的坐标为 $[1.35，1.35，0.5]$，半径为 0.35 个单位长度，任务的具体位置方程为：

$$\begin{cases} x = 0.35\cos\gamma_i + 1.35 \\ y = 0.35\sin\gamma_i + 1.35 \qquad (i=1，2，\cdots，18) \\ z = 1 \end{cases} \qquad (3-1)$$

式中，γ_i——18 个任务点在其组成的圆上离散的角度。

使两类机器人末端操作任务方向为 $[1，1，1]$，当机器人末端需要达到式 (3-1) 中的工作位置时，存在多种不同尺度的机器人可以完成打点任务。两类机器人的臂长中，L_1 的长度为 1 个单位长度，L_2 的变化范围 $0.6 \sim 2$ 个单位长度，间隔为 0.1 个单位长度，另一类空间 3R 机器人 L_3 的长度为 1 个单位长度。为保

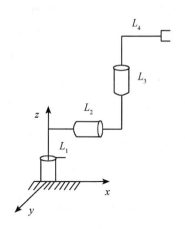

图 3-2　另一种空间 3R 机器人

证两种构型多种尺度机器人的展长级别在 $x\text{-}y$ 平面相同，使 PUMA 型空间 3R 机器人 $L_2+L_3=2.6$ 个单位长度，另一类空间 3R 机器人 $L_2+L_4=2.6$ 个单位长度。其中为了确保两种构型和两种构型多种尺度机器人都能完成式（3-1）中的打点任务，式（3-1）中的工作位置点在可达空间中的离散程度和两类构型机器人 L_2 的变化区间大小相互影响，当工作位置点在可达空间中的离散程度大时，两类构型机器人 L_2 的变化区间就会变小，当工作位置点在可达空间中的离散程度小时，两类构型机器人 L_2 的变化区间就会变大。

　　相对于 PUMA 型空间 3R 机器人，另一类空间 3R 机器人工作空间边界不易求得解析解，因此任意选择两类机器人的一个尺度采用蒙特卡诺方法绘制机器人的可达空间。将 PUMA 型空间 3R 机器人和另一类空间 3R 机器人的工作任务点在可达空间的 $x\text{-}y$ 平面上投影，得到的 PUMA 型空间 3R 机器人的可达空间为圆形，其圆心坐标为（0，0），半径为 2.6 个单位长度；另一类空间 3R 机器人的可达空间为环形，其圆心坐标为（0，0），两个同心圆的半径分别为 0.6 个单位长度和 2.6 个单位长度。式（3-1）所要求的 18 个任务点均在 PUMA 型空间 3R 机器人和另一类空间 3R 机器人可达空间的范围内。

二、基于 PCA 的综合运动灵活性分析和评价

　　选择串联机械臂典型的单一灵活性指标，包括运动学条件数（x_1）、方向可

操作度（x_2）、运动学可操作度（x_3）、各向同性指标（x_4）、其他指标（x_5）。按照 0.1 个单位长度的精度离散机械臂的臂长，选择 PUMA 型空间 3R 构型的机械臂 15 个样本分别完成式（3-1）所示的 18 种不同的工作任务；同时，选择另一类空间 3R 构型的机械臂的 15 个样本分别完成式（3-1）所示的 18 种不同的工作任务。分析计算 540 个样本的 5 个指标的数值，见表 3-1。

表 3-1　机器人单一运动学灵活性指标数值

样本		x_1	x_2 （m³）	x_3 （m³）	x_4	x_5
构型	编号					
PUMA 型空间 3R 机器人	1	7.584	0.056	2.522	0.045	0.210
	2	8.127	0.050	2.496	0.043	0.202
	3	8.432	0.047	2.469	0.042	0.198
	…	…	…	…	…	…
	269	3.474	0.135	2.354	0.070	0.426
	270	3.879	0.123	2.487	0.066	0.396
另一种空间 3R 机器人	271	7.435	0.059	2.348	0.046	0.206
	272	7.864	0.055	2.241	0.044	0.192
	273	8.103	0.053	2.173	0.043	0.186
	…	…	…	…	…	…
	539	3.970	0.094	0.692	0.054	0.189
	540	4.223	0.090	0.720	0.050	0.174

在对该机构进行多指标综合评价中，方向可操作度（x_2）和运动学可操作度（x_3）是正向指标，而运动学条件数（x_1）、各向同性指标（x_4）和其他指标（x_5）是适度指标，其数值越接近 1 越好，由表 3-1 中数据变化趋势可知，需对表 1 中的 x_1 正向化。又由于各指标的度量单位不同，且由表 3-1 可知，各指标取值范围存在一定差异，进而采用式（2-27）的 Z-Score 变换对各指标进行标准化。正向化和标准化后的单一运动灵活性指标数值如表 3-2 所示。

由于单一性能指标间可能存在一定的相关性，使数据存在一定的信息重叠，应用相关系数矩阵可以充分反映指标间的相关性，这也是降维的首要条件。通过计算表3-2中数据的相关系数，从相关系数矩阵 R 出发求解主成分，具体结果如表3-3所示。

由表3-3可知，zx_1、zx_2、zx_3、zx_4、zx_5正相关，所以两种不同类型的空间串联机器人的5个单一运动灵活性指标的优劣变化趋势是相同的，在有较大的方向可操作度和运动学可操作度的同时，运动学条件数、各向同性指标和其他指标趋于1。为了构造有机构学含义综合运动灵活性评价指标，基于相关系数矩阵进行PCA，分析结果见表3-4。

表3-2　正向化和标准化后的单一性能指标数值

样本 构型	编号	zx_1	zx_2	zx_3	zx_4	zx_5
PUMA型空间 3R机器人	1	-2.369	-1.447	0.423	-1.548	-1.081
	2	-2.736	-1.538	0.388	-1.688	-1.151
	3	-2.943	-1.586	0.350	-1.760	-1.189
	...	...	...	...	...	...
	269	0.415	-0.118	0.191	0.230	0.847
	270	0.141	-0.324	0.375	-0.083	0.576
另一种空间 3R机器人	271	-2.268	-1.385	0.182	-1.508	-1.122
	272	-2.558	-1.453	0.032	-1.628	-1.240
	273	-2.720	-1.486	-0.063	-1.692	-1.301
	...	...	...	...	...	...
	539	0.079	-0.802	-2.124	-0.935	-1.270
	540	-0.092	-0.870	-2.085	-1.172	-1.402

表3-3　相关系数矩阵 R

	zx_1	zx_2	zx_3	zx_4	zx_5
zx_1	1.000	0.873	0.004	0.912	0.765
zx_2	0.873	1.000	0.241	0.952	0.883
zx_3	0.004	0.241	1.000	0.181	0.427
zx_4	0.912	0.952	0.181	1.000	0.913
zx_5	0.765	0.883	0.427	0.913	1.000

由表 3-4 可知，当用第一主成分变量作为综合运动灵活性指标代替原来的 5 个单一性能指标，反映了机器人的各单一运动灵活性指标的均衡性，进而进行综合性能评价。构造串联机器人综合运动灵活性评价函数表达式为：

$$y_1 = 0.471zx_1 + 0.503zx_2 + 0.155zx_3 + 0.51zx_4 + 0.492zx_5 \qquad (3-2)$$

式中，zx_i——正向化后各指标数值。

由于各单一性能指标的数值已经进行正向化处理，所以结合机构性能指标的意义可知，式（3-2）反映了机器人的综合运动灵活性。将表 3-2 中的标准化后各指标数值代入，即可得到第一主成分得分，从而得到基于 PCA 方法的 540 种不同构型、尺度和工作任务对应的综合运动灵活性评分，综合运动灵活性评分分布趋势如图 3-3 所示。评价结果值越高，机器人的综合运动灵活性越优，从而可以对串联机器人的构型、尺度和工作任务进行优选，使得机构的综合运动灵活性较好。

但是，由表 3-4 可知，PCA 计算的第一主成分的贡献率为 74.344%，因此，式（3-2）所涵盖的原性能指标的信息不够多，样本代表性偏差，因此，引入 KPCA 方法应用于串联机器人机构的综合运动灵活性分析和评价中。

三、基于 KPCA 的综合运动灵活性分析和评价

将 KPCA 应用于串联机器人机构的综合运动灵活性分析和评价时，以第一主成分贡献率为目标函数，以核函数参数类型及其参数为优化变量建立优化问题来选择合适的核函数及其参数。本例中选取多项式核函数为：

$$k(x_i, x_j) = \left[x_i \cdot (3x_j) + 1 \right]^{20} \qquad (3-3)$$

进而计算核矩阵的特征值和累积方差贡献率，与 PCA 方法计算结果对比如表 3-4 所示。

表 3-4　PCA 和 KPCA 计算结果比较

PCA 方法			KPCA 方法	
特征值	累计贡献率（%）	特征向量	特征值	累计贡献率（%）
3.717	74.344	(0.471, 0.503, 0.155, 0.510, 0.492)	1.70e+12	86.477
1.048	95.302	(−0.314, −0.050, 0.925, −0.112, 0.176)	2.54e+11	99.357

（续表）

PCA 方法				KPCA 方法	
特征值	累计贡献率（%）	特征向量		特征值	累计贡献率（%）
0.125	97.805	(0.676, 0.030, 0.336, -0.141, -0.639)		5.84e+09	99.633 5
0.083	99.466	(-0.421, 0.803, -0.019, 0.007, -0.421)		4.43e+09	99.878 7
0.027	100	(0.210, 0.313, -0.086, -0.841, 0.377)		2.38e+09	100

由表 3-4 中 KPCA 计算结果的相关数据可见，第一主成分的累积方差贡献率达到 86.477%，样本代表性较好。因此，对于串联机器人机构的综合运动灵活性评价，只要选择合适的核函数及参数，就能保证使用 KPCA 方法降维后保留的信息要比使用 PCA 方法降维后保留的信息要多。

四、PCA 与 KPCA 方法应用的比较与分析

通过计算原空间中的各组性能参数向量在变换空间中的在主成分方向上的投影，即可得出面向任务的不同构型和尺度的空间串联机器人的综合运动灵活性评分。与 PCA 方法计算的第一主成分得分的结果对比如图 3-3 所示。

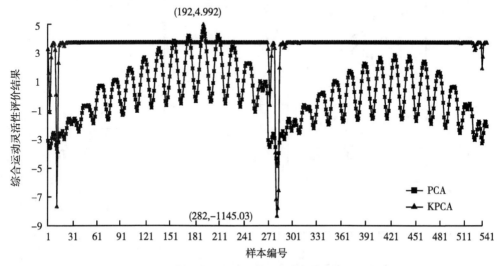

图 3-3 PCA 与 KPCA 方法综合运动灵活性评价结果对比

　　由图 3-3 可知,对于 2 种不同构型对应的 540 组不同尺度串联机械臂进行综合运动灵活性评价后,基于 PCA 方法和 KPCA 方法的 540 组样本综合运动灵活性评价结果的分布趋势大致相同,其综合运动灵活性最优的样本,即评价结果数值最大的样本重合,均为 192 号样本;其综合运动灵活性最差的样本,即评价结果数值最小的样本也重合,均为 282 号样本,证明了 PCA 和 KPCA 方法用于串联机械臂综合运动灵活性评价的有效性。但是通过 KPCA 方法可以加大综合运动灵活性优劣分布的梯度,使得各样本的综合性能优劣分布更趋明显,且由于 KPCA 方法降维后保留的信息要比使用 PCA 方法降维后保留的信息要多,所以按照 KPCA 方法计算的结果选择综合运动灵活性最优的机械臂构型和尺度。

　　综合运动灵活性最优的 192 号样本为 PUMA 型空间 3R 机械臂,臂长 L_2 为 1.6 个单位长度,L_3 为 1.0 个单位长度,完成 12 号工作任务;综合运动灵活性最差的 282 号样本为空间 3R 机械臂的臂长 L_2 为 0.6 个单位长度,L_4 为 2.0 个单位长度,完成 12 号工作任务。综合性能最优与最差机构及任务如图 3-4 所示,其对应的单一性能指标的对比情况如表 3-5 所示。

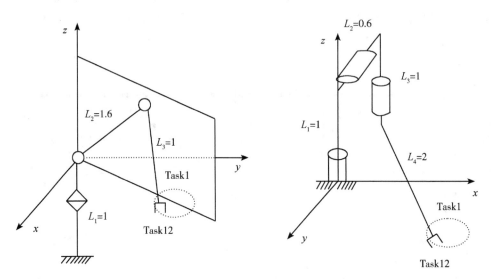

（a）综合运动灵活性最优串联机器人及任务　　（b）综合运动灵活性最差串联机器人及任务

图 3-4　综合运动灵活性最优与最差串联机器人及任务示意

表 3-5　综合运动灵活性最优与最差串联机器人单一性能指标计算结果对比

样本编号	单一性能指标					综合性能得分	
	运动学 条件数	方向可 操作度	运动学 可操作度	各向同 性指标	其他指标	PCA	KPCA
192	1. 856 1	0. 323 0	2. 402 4	0. 097 7	0. 627 9	4. 331 5	4. 991 9
282	9. 344 7	0. 028 3	0. 857 8	0. 037 1	0. 138 1	0. 147 4	-1 145. 3

由表 3-5 可知，192 号机械臂的运动学条件数、方向可操作度、运动学可操作度、各向同性指标和其他指标明显优于 282 号机械臂。通过机构的综合运动灵活性评价可知，PCA 和 KPCA 计算得出的 192 号机械臂综合运动灵活性评分亦明显高于 282 号机械臂的得分，所以 192 号机械臂的综合运动灵活性较好。这个结果与完成平面任务时，PUMA 型机器人灵活性比另一类机器人性能优越相符，与机器人在工作空间的中间位置完成任务时机器人的运动灵活性较好是相符的。因此，通过 KPCA 方法可以更为准确地对串联机械臂的综合运动灵活性进行分析和评价，确定出可信度较高的优选方案，并基于此对串联机器人的构型、尺度和工作任务进行优选。验证了将 PCA 和 KPCA 应用于面向任务的机器人综合运动灵活性分析和评价的有效性，并为机器人机构综合与工作任务优序关系研究提供合理科学的参考依据。

第二节　串联机器人运动灵活性增强综合评价方法

奇异位形是机器人机构的一个重要的运动学特性。当机械手运动到奇异位置时，产生的不良影响主要表现在 3 个方面：

——使机械手实际操作自由度减少，从而手部无法实现沿着某些方向的运动，同时减少了独立的内部关节变量数目；

——某些关节角速度趋向无穷大，引起机械手失控，导致执行器偏离了规定的轨道；

——使雅可比矩阵退化，从而所有包括雅可比的求逆控制方案无法实现。

因此，奇异性是机器人运动学灵活性研究中一个不可忽视的问题。国内外针对这一问题的研究主要集中在如何进行操作手的奇异分析并进行合理规避奇异位置。应用 PCA 方法对完成不同工作任务的空间串联机器人的运动灵活性进行综合性能评价时，由于工作任务中包含了奇异位形处的性能指标数值，而 PCA 方法对极端值非常敏感，可能影响分析结果，因此，将模糊集的概念引入 PCA，进一步使用 FPCA 方法进行机器人运动灵活性的综合评价。

一、典型空间串联机器人任务设置

以图 3-2 中所示的空间 3R 机器人为研究对象，令 $L_1 = L_2 = L_3 = L_4 = 0.5$ 个单位长度。设置机器人在 37 个不同位置完成椭圆任务，椭圆任务的圆心位置的坐标为 $[0.6, 0, 1]$，椭圆长轴为 0.4 个单位长度，短轴为 0.2 个单位长度。具体方程为：

$$\begin{cases} x = 0.4\cos\gamma_i + 0.6 \\ y = 0.2\sin\gamma_i \qquad (i=1, 2, \cdots, 37) \\ z = 1 \end{cases} \qquad (3-4)$$

式中，γ_i——椭圆任务上 37 个不同离散点的角度。

在半径为 0.6 个单位长度的圆形工作空间内，工作任务位置如图 3-5 所示，其中和工作空间边界重合的点 10 为奇异位形工作任务。

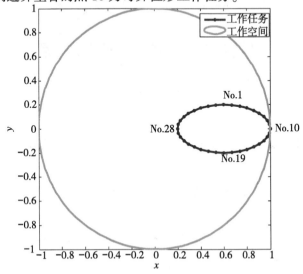

图 3-5　3R 机器人工作任务和工作空间

二、基于 PCA 方法的机器人运动学灵活性综合评价

选择单一运动学灵活性能指标有运动学条件数（x_1）、方向可操作度（x_2）、运动学可操作度（x_3）、各向同性指标（x_4）、其他指标（x_5），计算出完成椭圆工作任务上 37 个不同任务点时对应的 5 个指标（包含奇异位形）时的指标数值，见表 3-6。

表 3-6　空间 3R 机器人单一运动学灵活性指标数值

样本编号	x_1	x_2（m^3）	x_3（m^3）	x_4	x_5
1	74.135	0.004 4	0.007 0	0.006 2	0.019 2
2	89.655	0.001 7	0.003 7	0.003 3	0.010 0
3	91.510	0.000 1	0.000 1	0.000 5	0.001 4
4	102.15	0.000 7	0.007 4	0.001 7	0.005 2
5	112.00	0.000 8	0.002 3	0.001 9	0.005 8
6	120.03	0.000 6	0.000 8	0.001 6	0.004 9
7	127.18	0.000 3	0.000 2	0.001 0	0.003 1
8	130.62	0.000 1	0	0.000 4	0.001 2
9	133.60	0	0	0.000 2	0.000 7
10	138.50	0	0	0.000 2	0.000 5
11	140.86	0	0	0.000 2	0.000 6
12	144.64	0.000 1	0	0.000 5	0.001 4
13	147.88	0.000 7	0.000 2	0.001 7	0.005 1
14	128.28	0.002 1	0.000 7	0.003 6	0.010 9
…	…	…	…	…	…
36	7.940	0.008 2	0.010 1	0.009 4	0.029 9
37	7.988	0.004 4	0.007 0	0.006 2	0.019 2

对运动学条件数（x_1）进行正向化，并对所有的指标数值进行标准化后，得到的单一运动学灵活性指标数值如表 3-7 所示。

表 3-7　正向化和标准化后的单一性能指标数值

样本编号	zx_1	zx_2	zx_3	zx_4	zx_5
1	-0.891	-0.710	-0.537	-0.686	-0.687
2	-0.933	-0.771	-0.609	-0.836	-0.809
3	-0.937	-0.808	-0.687	-0.979	-0.923
4	-0.958	-0.794	-0.528	-0.918	-0.873
5	-0.974	-0.792	-0.639	-0.908	-0.865
6	-0.985	-0.797	-0.672	-0.923	-0.877
...	...	...	...	...	...
36	1.162	-0.623	-0.470	-0.522	-0.545
37	1.148	-0.710	-0.537	-0.686	-0.687

通过计算表 3-7 中数据的相关系数，从相关系数矩阵 R 出发求解主成分，具体结果如表 3-8 所示。

表 3-8　相关系数矩阵 R

	zx_1	zx_2	zx_3	zx_4	zx_5
zx_1	1.000	0.645	0.632	0.744	0.730
zx_2	0.645	1.000	0.942	0.976	0.986
zx_3	0.632	0.942	1.000	0.911	0.936
zx_4	0.744	0.976	0.911	1.000	0.997
zx_5	0.730	0.986	0.936	0.997	1.000

由表 3-8 可知，各指标间具有较强的正相关性。所以，通过 PCA 方法进行机器人运动学灵活性综合评价，可以计算得出反映成分和指标包含信息量的权数，以计算综合评价值。基于相关系数矩阵进行 PCA，分析结果见表 3-9。

表 3-9 PCA 计算结果

特征值	累计贡献率（%）	特征向量
4.445	88.904	(0.377, 0.464 5, 0.444 1, 0.471 3, 0.472)
0.472	89.345	(−0.877 3, 0.226 5, 0.413 9, 0.000 6, 0.087 8)
0.068	99.709	(0.257 9, −0.346 9, 0.788 3, −0.364 7, −0.242 3)
0.014	99.994	(−0.146 1, −0.780 9, 0.040 3, 0.486 8, 0.361 1)
0.000 3	100	(−0.018 7, 0.054 1, 0.091 3, 0.648 7, −0.761 9)

由表 3-9 可知，第一主成分的累积方差贡献率为 88.904%，说明第一主成分反映了原始变量提供的 88.904% 的信息，基本反映了全部指标蕴含的信息，故可用 1 个主成分变量代替原来的 5 个变量，第一主成分可以反映了 3R 机器人的各运动学灵活性能指标的均衡性，进而进行综合性能评价，其表达式为：

$$y_1 = 0.377zx_1 + 0.465zx_2 + 0.444zx_3 + 0.471zx_4 + 0.472zx_5 \qquad (3-5)$$

式（3-5）即为综合评价函数。由于各单一性能指标的数值已经进行正向化处理，所以结合机构性能指标的意义可知，式（3-5）反映了空间 3R 机器人完成式（3-4）所示任务时的综合运动学灵活性。将正向化后的数据代入式（3-5），从而得到基于 PCA 方法的 37 种不同任务的综合运动学灵活性能的评分，综合性能评分如图 3-7 所示。得分越高，机器人的综合运动学灵活性越优，从而可以对工作任务进行优选，使得机构的综合运动学灵活性较好。

由图 3-6 中 PCA 方法计算结果对应的曲线可知，由于表 3-6 中的样本点数值包含奇异位形处（10 号样本）性能指标的数值，单一运动学灵活性能指标有极端值，PCA 方法对极端值的敏感性，从而可能会影响综合评价结果。PCA 综合评价曲线出现的最小值（波谷）对应的为 13 号样本，而最优样本——27 号样本的数值并不突出，机器人任务优选的效果较差。因此可以尝试去除可能对计算结果有影响的奇异区间的样本后，再进行 PCA 计算。

三、除奇异区间的机器人运动学灵活性综合评价

以椭圆任务的长轴作为 x 轴，短轴作为 y 轴，以各个指标值为 z 轴，绘制出各个指标在椭圆任务上变化的等高线分布图及其三维曲面图，如图 3-6 所示。

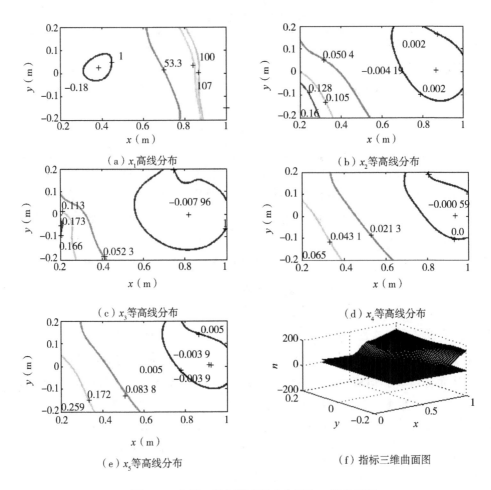

图 3-6 各单一指标等高线分布图和三维曲面图

由图 3-6 可知，当机器人完成 10 号任务时，即坐标为 [1，0] 时：

第一，条件数 x_1 趋于指标的最大值，与最小值相差范围较大。一般应尽量使机器人的条件数 k (J) =1，各奇异值相等，这时灵巧性最高，机构处于最佳的运动传递性能。因此根据对机器人性能的要求，并结合图 3-6 （a） 所示的等高线分布情况，设定条件数 x_1 的期望值区间为 [1，100]，以保证机械臂的运动灵活性较好。

第二，方向可操作度 x_2 为指标的最小值——0。当机器人处于奇异位形时，无论怎样选择关节速度，至少有一个手部不能实现运动方向。因此根据对机械臂性能的要求，并结合图 3-6（b）所示的等高线分布情况，设定方向可操作度 x_2 的期望值区间为 $[0.002, +\infty]$，以保证机械臂在任务要求的方向上机械臂具有足够的运动能力。

第三，可操作度 x_3 为指标的最小值——0。奇异位形 10 号任务及其附近样本的可操作度趋于 0。因此根据对机械臂性能的要求，并结合图 3-6（c）所示的等高线分布情况，设定可操作度 x_3 的期望值区间为 $[0.002, +\infty]$，以保证机械臂各方向运动能力的整体灵活性较好。

第四，x_4 和 x_5 为指标的最小值——0。由于其可以基于可操作度 x_3 进行运算所得，所以其变化趋势和 x_3 相同，因此 10 号任务附近样本的数值趋于 0。因此根据对机械臂性能的要求，并结合图 3-6（d）和图 3-6（e）所示的等高线分布情况，设定 x_4 和 x_5 的期望值区间为 $[0.002, 1]$ 和 $[0.005, 1]$。

又由于条件数 x_1 是适度指标，其数值越接近 1 越好；其余指标是正向指标，故由图 3-6（f）可知，x_1、x_2、x_3、x_4、x_5 等 5 个指标的优劣变化趋势是相同的。

根据以上分析可知，机器人处于奇异位形时，各单一运动学灵活性指标均为较差值，机器人综合运动灵活性亦较差。又由于 3R 机器人工作任务为连续变化的，所以各指标期望区间以外的工作任务即认为其为奇异区间，位于奇异区间内的样本的运动灵活性较差，应排除在 PCA 计算范围之外。各指标的奇异区间如表 3-10 所示。

表 3-10　各指标的奇异区间

指标	x_1	x_2	x_3	x_4	x_5
奇异区间	$[100, +\infty]$	$[0, 0.002]$	$[0, 0.002]$	$[0, 0.002]$	$[0, 0.005]$

所以，表 3-6 中的样本 4~14 在奇异区间内，所以去除这 11 组样本后，再进行 PCA 分析。

对运动学条件数（x_1）正向化后，并对所有的指标数值进行标准化后，得到的 26 组单一运动学灵活性指标数值如表 3-11 所示。进而，通过计算表 3-11 中数据的相关系数，从相关系数矩阵 R 出发求解主成分，具体结果如表 3-12 所示。

表 3-11　除奇异区间后正向化和标准化后的单一性能指标数值

样本编号	zx_1	zx_2	zx_3	zx_4	zx_5
1	-1.447	-1.027	-0.760	-1.157	-1.100
2	-1.494	-1.088	-0.827	-1.316	-1.225
3	-1.499	-1.124	-0.899	-1.470	-1.343
4	-1.498	-1.018	-0.863	-1.157	-1.102
...	...	...	...	...	...
36	0.818	-0.942	-0.698	-0.982	-0.953
37	0.803	-1.027	-0.760	-1.157	-1.100

表 3-12　相关系数矩阵 R

	zx_1	zx_2	zx_3	zx_4	zx_5
zx_1	1.000	0.467	0.507	0.568	0.563
zx_2	0.467	1.000	0.931	0.975	0.983
zx_3	0.507	0.931	1.000	0.908	0.934
zx_4	0.568	0.975	0.908	1.000	0.997
zx_5	0.563	0.983	0.934	0.997	1.000

由表 3-12 可知，去除奇异区间内 11 组样本后，各指标的相关性减弱。基于相关系数矩阵 R 进行 PCA，分析结果见表 3-13。由表 3-13 可知，第一主成分的累积方差贡献率为 84.203%，第一主成分代表了机械臂综合灵活性指标，其表达式为：

$$y_1' = 0.312zx_1 + 0.473zx_2 + 0.463zx_3 + 0.48zx_4 + 0.484zx_5 \qquad (3-6)$$

将表 3-11 中的数据代入式（3-6），从而得到基于 PCA 方法的 26 种不同任务的综合运动学灵活性能的评分，如图 3-7 所示。可见除 4-14 号样本的数值缺失外，其曲线的趋势和 37 组样本计算结果相同，也就是对 26 种任务进行综合评价的优劣顺序相同。最优样本——27 号样本的数值仍不突出，机器人任务优选的效果较差；且由于奇异区间的设定，缺失了 11 组样本的综合评分结果，评价结果不全面。

基于模糊相关系数矩阵 *FR* 进行 PCA，与两种 PCA 方法计算结果对比分析结果见表 3-13。

表 3-13 除奇异区间的 PCA 和 FPCA 计算结果比较

除奇异区间样本的 PCA 计算结果			FPCA		
特征值	累计贡献率（%）	特征向量	特征值	累计贡献率（%）	特征向量
4.210 0	84.203	(0.312, 0.473, 0.463, 0.48, 0.484)	3.926 5	80.518 0	(0.224, 0.475, 0.47, 0.501, 0.503)
0.664 0	97.483	(0.943, -0.249, -0.163 8, -0.095, -0.113)	0.852 8	95.571 0	(-0.97, 0.091, 0.192, 0.071, 0.096)
0.109 0	99.658	(0.029, -0.186, 0.854, -0.425, -0.233)	0.200 9	99.589 4	(0.07, -0.719, 0.691, -0.012, 0.012)
0.017 0	99.991	(0.112, 0.82, -0.135, -0.468, -0.281)	0.020 2	99.992 7	(-0.066, -0.47, -0.475, 0.711, 0.209)
0.000 4	100	(-0.009, -0.089, -0.103, -0.601, 0.788)	0.000 4	100	(-0.008, -0.168, -0.197, -0.489, 0.833)

四、基于 FPCA 方法的机器人运动灵活性的增强综合评价

针对 PCA 方法对机器人运动灵活性综合评价的不足之处，引入 FPCA 方法对机器人运动学灵活性综合评价。

在对机器人进行运动学灵活性的多指标综合评价中，运动学条件数（x_1）是逆向指标，其数值越小，越接近 1 越好；方向可操作度（x_2）、运动学可操作度（x_3）、各向同性指标（x_4）和其他指标（x_5）是正向指标，据此选择隶属度函数。模糊隶属度函数是 FPCA 过程中的基本要素，直接影响综合评价结论的准确性。模糊数学中根据不同的应用对象，选择不同的隶属度函数及其参数。机器人运动学灵活性指标均具有"相对优属度"，采用半梯形分布定义相对优属度。

对于正向指标，选择偏大型半梯形隶属度函数，具体变换为：

$$\tilde{A}(x) = \begin{cases} 0, & x < a \\ \dfrac{x - a}{b - a}, & a \leqslant x \leqslant b \\ 1, & x > b \end{cases} \tag{3-7}$$

对于逆向指标，选择偏小型半梯形隶属度函数，具体变换为：

$$\tilde{A}(x) = \begin{cases} 1, & x < a \\ \dfrac{b - x}{b - a}, & a \leqslant x \leqslant b \\ 0, & x > b \end{cases} \tag{3-8}$$

由于不同隶属度函数都存在未知参数 a 和 b，不同参数对 FPCA 方法的效果有较大影响。因此，结合表 3-10 中对不同的单一运动学灵活性能指标优劣的区间定义，同时以第一主成分贡献率为目标函数，以模糊隶属度函数的参数为优化变量来建立优化模型来选择合适参数。本例中各单一性能指标对应选择参数数值如表 3-14 所示。

表 3-14 各单一性能指标的模糊隶属度函数及其参数

指标	函数类型	a	b
x_1	偏小型半梯形隶属度函数	1	100
x_2		0.002	max (x_2)
x_3	偏大型半梯形隶属度函数	0.002	max (x_3)
x_4		0.002	1
x_5		0.005	1

进而依据式（2-42）计算模糊均值 $\tilde{x} = [14.718, 0.088, 0.097, 0.039,$ $0.15]$、模糊方差 $FV(\tilde{D}) = [240.898\ 8, 0.001\ 3, 0.002\ 7, 0.000\ 2, 0.003\ 9]$。进而求的模糊相关系数矩阵 FR，从相关系数矩阵 FR 出发求解主成分，具体结果如表 3-15 所示。

表 3-15　模糊相关系数矩阵 FR

	fx_1	fx_2	fx_3	fx_4	fx_5
fx_1	1.000	0.332	0.265	0.460	0.428
fx_2	0.332	1.000	0.796	0.916	0.943
fx_3	0.265	0.796	1.000	0.812	0.860
fx_4	0.460	0.916	0.812	1.000	0.993
fx_5	0.428	0.943	0.860	0.993	1.000

由表 3-13 可知，FPCA 方法计算的第一主成分的累积方差贡献率为 80.518%，基本反映了全部指标蕴含的信息，可用 1 个主成分变量代替原来的 5 个变量表示为空间 3R 机械臂综合灵活性指标，其表达式为：

$$FF_1' = 0.224fx_1 + 0.475fx_2 + 0.47fx_3 + 0.501fx_4 + 0.503fx_5 \qquad (3-9)$$

式中，fx_i——单一运动学灵活性指标对应的模糊化后的数值。

式（3-9）即为用 FPCA 计算的综合评价函数，从而得到基于 FPCA 方法的 37 种不同任务的综合运动学灵活性能的评分，与 PCA 方法计算的第一主成分得分的结果对比如图 3-7 所示。进而通过综合评分的高低，确定不同工作任务对应机器人的综合运动学灵活性的优劣。

由图 3-7 可知，对空间 3R 机器人进行运动学灵活性的综合评价，两种 PCA 方法计算的结果和 FPCA 方法计算的结果分布趋势大致相同，说明了 FPCA 方法的有效性和实用性。FPCA 方法计算结果对应的曲线中，综合性能评分为 0 的样本为第 8~12 号，综合性能差，可见结合模糊隶属度函数进行 FPCA，减少了样本数值选择的工作量，无须选择非奇异位形时的样本数值 PCA 计算，而忽略大量样本的综合运动学灵活性评价；同时，可以合理地排除奇异位形及附近区间的样本对 PCA 的影响。通过 FPCA 方法计算得到的具有最优的综合运动学灵活性任务——第 27 号任务和 PCA 计算结果相同，但是由得分的分布趋势可知，FPCA 由于合理处理了样本数值后，对最优点数值的计算结果越显突出，从而较为方便的选择出机器人的最优任务，即当任务位置处于 27 号点对应的位置时，机器人完成任务是具有最佳的综合运动学灵活性。所以按照 FPCA 方法计算的结果选择任务，得出具有最优的综合运动学灵活性任务——第 27 号任务和综合运动学灵

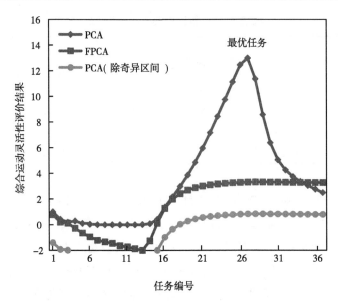

图 3-7　PCA 和 FPCA 方法综合运动灵活性评价结果对比

活性能较差的任务区间——第 8～12 号任务。其在工作空间内的具体位置如图 3-8 所示。

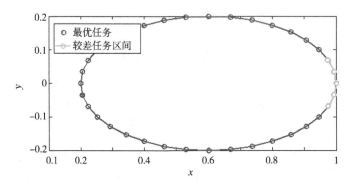

图 3-8　空间 3R 机器人工作任务分布

因此，通过 FPCA 方法可以消除极端值的影响，更为准确地对机器人的运动学灵活性进行综合评价，并基于最佳综合运动学灵活性，优选出机器人任务，进而得出机器人完成任务时的准确位置。

第三节　典型平面串联机器人综合性能评价

不同于前文对空间串联机器人的综合灵活性的分析，进一步选择平面 3R 机器人和平面 RRP 机器人两种不同构型的平面串联机器人为研究对象，基于 PCA 方法和 KPCA 方法对其各项运动学和动力学的单一性能指标的数据进行数学分析，得出综合评价指标，通过比较 PCA 方法和 KPCA 方法的降维效果，选择更适合串联机器人的机构分析的方法，进而通过选择综合性能最优的机构构型和尺度，为平面串联机器人构型和尺度同步综合研究提供科学的参考依据。

一、基于 PCA 方法的综合性能分析和评价

平面 3R 机器人和平面 RRP 机器人的工作任务要求机械臂末端的可达坐标为 (2.5, 2.5) 个单位长度，且末端执行器坐标系的 y 轴在全局坐标系中 y 轴方向上的方向余弦为 0.45，如图 3-9 所示。对应其工作任务，可确定 3R 机器人的各臂长的变化范围分别为 1~3 个单位长度；RRP 机器人转动副的臂长变化范围为 1~3 个单位长度，机器人移动副的角度变化范围为 45°~135°。

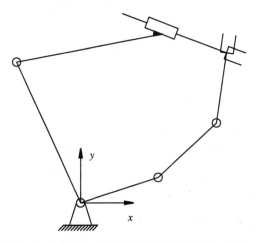

图 3-9　平面 3R 机器人与平面 RRP 机器人示意

选择串联机器人典型的运动学和动力学指标，包括运动学条件数（x_1）、运动学最小奇异值（x_2）、运动学可操作度（x_3）、方向可操作度（x_4）、工作空间（x_5）、动态可操作度（x_6）、动力学条件数（x_7）、动力学最小奇异值（x_8）、各向同性指标（x_9）、其他指标（x_{10}）、最小广义速度（x_{11}）和雅可比矩阵 J 的 Frobenius 范数（x_{12}）。按照精度为 1 个单位长度离散 3R 机器人的臂长，选择 3R 构型的 27 个样本；按照精度为 1 个单位长度离散 RRP 机器人转动副的臂长和精度为 45° 离散移动副的角度，选择 RRP 构型的 27 个样本。分析计算 54 个样本的12 个指标的数值，见表 3-16。

在对平面串联机器人进行多指标综合评价中，运动学最小奇异值（x_2）、运动学可操作度（x_3）、方向可操作度（x_4）、工作空间（x_5）、动态可操作度（x_6）、动力学最小奇异值（x_8）、各向同性指标（x_9）、其他指标（x_{10}）和最小广义速度（x_{11}）是正向指标；运动学条件数（x_1）、动力学条件数（x_7）是适度指标，其数值越接近 1 越好；雅可比矩阵 J 的 Frobenius 范数（x_{12}）是逆向指标，因此，首先需对表 3-16 中的 x_1、x_7 和 x_{12} 正向化。又由于各指标的度量单位不同，且各指标取值范围有一定差异，进而采用 Z-Score 变换对各指标进行标准化。正向化和标准化后的两种不同构型的平面串联机器人的单一性能指标数值如表 3-17 所示。

通过计算表 3-17 所示数据的相关系数，从相关系数矩阵 R 出发求解主成分，具体结果如表 3-18 所示。

由表 3-18 可知，zx_6、zx_8、zx_{12} 之间是正相关的，而与 zx_1、zx_2、zx_3、zx_4、zx_5、zx_7、zx_9、zx_{10}、zx_{11} 具有负相关性。说明当两种构型的平面串联机器人获得较大的动态可操作度和动力学最小奇异值的同时，运动学条件数和动力学条件数远大于 1，同时运动学最小奇异值、运动学可操作度、方向可操作度、工作空间、各向同性指标、其他指标、最小广义速度、雅可比矩阵 J 的 Frobenius 范数较小。所以，为了构造机构学含义综合性能评价指标，首先根据各指标的相关关系进行分组，zx_1、zx_2、zx_3、zx_4、zx_5、zx_7、zx_9、zx_{10}、zx_{11} 为一类，zx_6、zx_8、zx_{12} 为一类，根据各变量对应的因子载荷确定各组的权重系数。第一主成分因子载荷如表 3-19 所示。

表 3-16　单一性能指标数值

构型	样本编号	x_1	x_2	x_3 (m³)	x_4 (m³)	x_5 (m²)	x_6	x_7	x_8	x_9	x_{10}	x_{11}	x_{12}
3R机器人	1	26.674	0.139	0.519	0.010	9.425	1.405	38.983	0.190	0.019	0.037	4.411	3.723
	2	7.720	0.616	2.930	0.190	12.566	17.225	7.198	1.547	0.064	0.130	5.989	4.795
	3	6.653	0.786	4.105	0.312	15.708	2.978	199.039	0.122	0.073	0.150	6.965	5.285
	⋮	⋮	⋮	⋮	⋮	⋮	⋮	⋮	⋮	⋮	⋮	⋮	⋮
	26	1.901	2.326	10.283	2.787	25.133	1.269	4.450	0.534	0.206	0.526	6.269	4.996
	27	3.024	1.531	7.086	1.180	28.274	0.136	13.823	0.099	0.149	0.331	5.498	4.875
RRP机器人	28	11.126	0.592	3.903	0.176	25.524	11.219	8.359	1.159	0.045	0.090	8.475	6.617
	29	48.836	0.105	0.534	0.005	20.800	0.684	32.497	0.145	0.010	0.020	6.611	5.107
	30	5.547	0.895	4.444	0.422	22.486	24.740	1.756	3.754	0.087	0.180	7.346	5.045
	⋮	⋮	⋮	⋮	⋮	⋮	⋮	⋮	⋮	⋮	⋮	⋮	⋮
	53	1.914	2.299	10.110	3.215	143.912	0.337	7.139	0.217	0.205	0.523	7.416	4.963
	54	1.955	1.889	6.974	2.044	80.070	0.087	4.545	0.138	0.203	0.512	5.023	4.147

表 3-17 正向化和标准化后的单一性能指标数值

样本编号	构型	zx_1	zx_2	zx_3	zx_4	zx_5	zx_6	zx_7	zx_8	zx_9	zx_{10}	zx_{11}	zx_{12}
1		-1.712	-1.889	-1.893	-1.122	-0.938	-0.421	-0.829	-0.626	-1.979	-1.712	-1.762	2.470
2		-1.092	-1.154	-1.132	-0.959	-0.840	1.524	-0.209	1.058	-1.159	-1.092	-0.424	0.221
3		-0.952	-0.893	-0.761	-0.850	-0.742	-0.228	-0.942	-0.709	-0.981	-0.952	0.404	-0.503
⋮	3R机器人	⋮	⋮	⋮	⋮	⋮	⋮	⋮	⋮	⋮	⋮	⋮	⋮
26		1.580	1.480	1.188	1.383	-0.447	-0.438	0.260	-0.199	1.432	1.580	-0.186	-0.093
27		0.264	0.255	0.179	-0.067	-0.348	-0.577	-0.574	-0.738	0.395	0.264	-0.840	0.092
28		-1.359	-1.191	-0.825	-0.972	-0.434	0.785	-0.315	0.576	-1.508	-1.359	1.684	-1.930
29		-1.827	-1.943	-1.888	-1.126	-0.582	-0.510	-0.801	-0.681	-2.133	-1.827	0.103	-0.256
30		-0.750	-0.725	-0.655	-0.750	-0.529	2.448	2.148	3.795	-0.730	-0.750	0.727	-0.166
⋮	RRP机器人	⋮	⋮	⋮	⋮	⋮	⋮	⋮	⋮	⋮	⋮	⋮	⋮
53		1.557	1.438	1.134	1.769	3.272	-0.552	-0.203	-0.592	1.418	1.557	0.786	-0.043
54		1.483	0.807	0.144	0.713	1.274	-0.583	0.235	-0.690	1.373	1.483	-1.243	1.442

表 3-18　相关系数矩阵 R

	zx_1	zx_2	zx_3	zx_4	zx_5	zx_6	zx_7	zx_8	zx_9	zx_{10}	zx_{11}	zx_{12}
zx_1	1.000	0.960	0.819	0.921	0.592	-0.251	0.126	-0.131	0.991	1.000	0.014	-0.018
zx_2	0.960	1.000	0.946	0.939	0.565	-0.311	0.186	-0.172	0.963	0.960	0.222	-0.261
zx_3	0.819	0.946	1.000	0.864	0.483	-0.343	0.243	-0.196	0.835	0.819	0.440	-0.512
zx_4	0.921	0.939	0.864	1.000	0.686	-0.308	0.074	-0.229	0.890	0.921	0.227	-0.203
zx_5	0.592	0.565	0.483	0.686	1.000	-0.346	-0.263	-0.396	0.550	0.592	0.230	-0.075
zx_6	-0.251	-0.311	-0.343	-0.308	-0.346	1.000	0.181	0.787	-0.248	-0.251	-0.294	0.275
zx_7	0.126	0.186	0.243	0.074	-0.263	0.181	1.000	0.587	0.167	0.126	0.100	-0.143
zx_8	-0.131	-0.172	-0.196	-0.229	-0.396	0.787	0.587	1.000	-0.108	-0.131	-0.167	0.179
zx_9	0.991	0.963	0.835	0.890	0.550	-0.248	0.167	-0.108	1.000	0.991	0.025	-0.032
zx_{10}	1.000	0.960	0.819	0.921	0.592	-0.251	0.126	-0.131	0.991	1.000	0.014	-0.018
zx_{11}	0.014	0.222	0.440	0.227	0.230	-0.294	0.100	-0.167	0.025	0.014	1.000	-0.843
zx_{12}	-0.018	-0.261	-0.512	-0.203	-0.075	0.275	-0.143	0.179	-0.032	-0.018	-0.843	1.000

表 3-19　第一主成分因子载荷

Lzx_1	Lzx_2	Lzx_3	Lzx_4	Lzx_5	Lzx_6	Lzx_7	Lzx_8	Lzx_9	Lzx_{10}	Lzx_{11}	Lzx_{12}	$\sum\limits_{i=1}^{12}\mid Lzx_i\mid$
0.948	0.983	0.925	0.96	0.682	-0.421	0.097	-0.293	0.94	0.948	0.275	-0.274	7.744

分别对两组变量 zx_1、zx_2、zx_3、zx_4、zx_5、zx_7、zx_9、zx_{10}、zx_{11} 和 zx_6、zx_8、zx_{12} 进行 PCA，分组 PCA 既保证了主成分法的优点，也克服其在评价中无法构成机构学意义的综合性能指标的缺点，提高综合评价结果的合理性。各组 PCA 计算的结果如表 3-20 所示。

由表 3-20 可知，当用第一主成分变量作为综合性能指标代替原来的 12 个单一性能指标，反映了两种构型的平面串联机器人的各单一性能指标的均衡性，进而进行综合性能评价。构造平面串联机器人综合性能评价函数表达式为：

$$y_1 = \frac{0.948 + 0.983 + 0.925 + 0.96 + 0.682 + 0.097 + 0.94 + 0.948 + 0.275}{7.744} \times$$

$$(0.395zx_1 + 0.403zx_2 + 0.37zx_3 + 0.391zx_4 + 0.269zx_5 + 0.059zx_7 + 0.392zx_9 +$$

$$0.395zx_{10} + 0.088zx_{11}) + \frac{0.421 + 0.293 + 0.274}{7.744} \times (0.675zx_6 + 0.656zx_8 +$$

$$0.336zx_{12}) \tag{3-10}$$

式中，zx_i——表 3-17 中的标准化后各指标数值。

由于各逆向性能指标已经进行正向化处理，所以结合机构性能指标的意义可知，式（3-10）反映了两种构型的平面串联机器人的综合性能，且各单一性能指标具有均衡性，数值越大，机构综合性能越优。将表 3-18 中的标准化后各指标数值代入，即可得到第一主成分得分，基于 PCA 方法的 54 种不同构型、不同尺度平面串联机器人的综合性能的评分高低反映了综合性能的优劣。综合性能评分如图 3-10 所示。

但由表 3-20 可知，PCA 分组后的第一主成分的贡献率分别为 67.387% 和 63.398%，因此，式（3-10）所涵盖的原性能指标的信息不够多，样本代表性偏差，从而得出的综合性能评价结果可靠性不够高，因此，需要引入 KPCA 方法应用于平面串联机器人机构的综合性能分析和评价中。

二、基于 KPCA 方法的综合性能分析和评价

将 KPCA 应用于两种构型的平面串联机器人机构的综合性能评价时，以第一主成分贡献率为目标函数，以核函数参数类型及其参数为优化变量建立优化问题

来选择合适的核函数及其参数。本例中选取多项式核函数为：

$$k(x_i, x_j) = [x_i \cdot (6.1x_j) + 1]^{15} \qquad (3-11)$$

进而计算核矩阵的特征值和累积方差贡献率，与 PCA 方法计算结果对比如表 3-20 所示。

表 3-20 分组 PCA 和 KPCA 计算结果比较

分组	PCA 方法			KPCA 方法	
	特征值	累计贡献率（%）	特征向量	特征值	累计贡献率（%）
zx_1、zx_2、zx_3、zx_4、zx_5、zx_7、zx_9、zx_{10}、zx_{11}	6.065	67.387	(0.395, 0.403, 0.37, 0.391, 0.269, 0.059, 0.392, 0.395, 0.088)	24 282	81.537
	1.239	81.154	(−0.064, 0.073, 0.226, −0.055, −0.415, 0.796, −0.015, −0.064, 0.357)	1 809.5	87.613
	1.150	93.933	(−0.184, −0.02, 0.171, 0.062, 0.33, −0.273, −0.196, −0.184, 0.823)	1 425.1	92.398
	0.378	98.129	(−0.041, −0.17, −0.282, 0.034, 0.761, 0.537, −0.088, −0.041, −0.114)	811.12	95.122
	0.088	99.107	(−0.286, 0.078, 0.474, 0.538, 0.021, 0.017, −0.421, −0.288, −0.368 8)	424.9	96.548
	0.076	99.947	(0.136, −0.17, −0.561, 0.702, −0.261, 0.017, −0.138, 0.136, 0.198)	473.58	98.139
	0.004	99.995	(−0.407, −0.119, −0.058, 0.233, −0.008, −0.009, 0.772, −0.407, −0.007)	348.12	99.308
	0.000 4	100	(−0.193, 0.869, −0.401, −0.047, 0.013, 0.007, −0.085, −0.193, −0.002)	120.07	99.711
	3.51E−16	100	(−0.707, 0, 0, 0, 0, 0, 0.707, 0)	86.103	100
zx_6、zx_8、zx_{12}	1.902	63.398	(0.675, 0.656, 0.336)	38 515	80.344
	0.892	93.12	(−0.172, −0.304, 0.937)	5 081.2	90.943
	0.206	100	(0.717, −0.691, −0.093)	4 341.5	100

由表 3-20 可知，KPCA 得到的各组第一主成分的累积方差贡献率分别达到 81.537% 和 80.344%，样本代表性较好。因此，对于串联机器人机构的综合性能评价，只要选择合适的核函数及核参数，就能保证使用 KPCA 方法降维后保留的信息要比使用 PCA 方法降维后保留的信息要多，使用 KPCA 计算得出的第一主成分即可对平面串联机器人机构进行综合性能评价，进而选择出综合性能评价结

果最优的机器人对应的构型和尺度为最优设计方案，较 PCA 计算结果的可信度更优。

三、PCA 与 KPCA 方法应用的比较与分析

通过计算原空间中的各组性能参数向量在变换空间中的在主元方向上的投影，即可得出不同构型、不同尺度的平面串联机器人的综合性能评价结果。依据 KPCA 与 PCA 方法计算的第一主成分评价计算结果对比如图 3-10 所示。

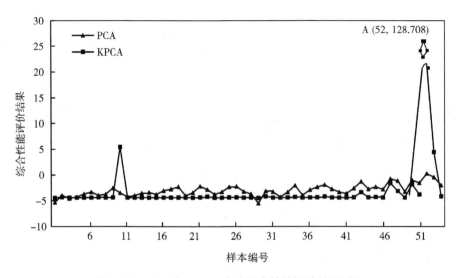

图 3-10　PCA 与 KPCA 方法综合性能评价结果对比

由图 3-10 可知，对于 54 组不同构型和尺度串联机器人进行综合性能评价后，基于 KPCA 方法的评价结果与基于 PCA 方法的评价结果的采样点的分布趋势大致相同，且综合性能最优的样本，即评价结果数值最大的样本重合，均为 52 号样本，其 PCA 方法计算的评价的结果为 4.579，KPCA 方法计算的评价的结果为 128.708，证明了 PCA 和 KPCA 方法用于串联机器人综合性能评价的有效性。但由于 KPCA 方法降维后保留的信息要比使用 PCA 方法降维后保留的信息要多，所以按照 KPCA 方法计算的结果选择综合性能最优的机器人构型和尺度。

KPCA 方法计算的 52 号机械臂综合性能最优，对应 RRP 机器人的转动副的臂长为 3 个单位长度，同时移动副的机械臂的角度为 45°；1 号机器人综合性能最差，对应 3R 机器人的各臂长均为 1 个单位长度。综合性能最优与最差机器人构型如图 3-11 所示，其单一性能指标的对比情况如表 3-21 所示。

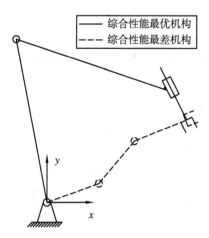

图 3-11　综合性能最优与最差的平面串联机器人示意

表 3-21　综合性能最优与最差样本单一性能指标计算结果对比

	样本	1 号样本	52 号样本
	运动学条件数	26.674	1.822
	运动学最小奇异值	0.139	2.486
	运动学可操作度（m³）	0.519	11.257
	方向可操作度（m³）	0.01	4.883
	工作空间（m²）	9.425	141.070
单一性能指标	动态可操作度	1.405	0.222
	动力学条件数	38.983	15.205
	动力学最小奇异值	0.19	0.121
	各向同性指标	0.019	0.211
	其他指标	0.037	0.549
	最小广义速度	4.411	7.538
	雅可比矩阵 Frobenius 范数	3.723	5.166
综合性能得分	PCA	−3.888	4.579
	KPCA	−4.967	128.708

由表 3-21 可知，除动态可操作度、动力学最小奇异值和雅可比矩阵 J 的 Frobenius 范数以外，52 号机器人其他单一性能指标都明显优于 1 号机器人。这主要是由于 52 号机器人的臂长较 1 号机器人的臂长长，质量较大，导致动态可操作度相对较差。但是通过机构的综合性能评价可知，PCA 和 KPCA 计算得出的 52 号机器人综合性能评分明显高于 1 号机器人的得分，所以 52 号机器人的综合性能较好。因此，通过 KPCA 方法可以更为准确地对串联机器人的综合性能进行评价，确定出可信度较高的优选方案，并为机构构型和尺度同步综合方法提供科学的参考依据。

综上，根据研究对象的不同，可以将 PCA 及其扩展方法应用于不同类型的串联机器人的综合性能进行分析和评价中，既可以揭示指标之间的内在联系，避免设计人员主观因素对综合评价结果的影响，又使得综合评价揭示机器人机构综合性能、机构类型和尺寸、工作任务之间的映射规律，实现基于最优机构综合性能的机构类型和尺寸、工作任务的优选，为下一步对多种开链机构的机构分析和综合提供合理科学的参考依据。

第四章 典型闭链机构综合性能分析和评价

多数常见机构属于闭链机构，包括连杆机构、齿轮机构与凸轮机构。在各种闭链机构型式中，连杆机构由低副（转动副、移动副、球面副、球销副、圆柱副及螺旋副等）将若干构件连接而成，因而结构简单，结实耐用，不易磨损，在各种机器和仪器仪表中广泛应用。连杆机构的特点表现为具有多种多样的结构和多种多样的特性，能满足各种不同的运动要求。因此，连杆机构还有其他机构的理论结构原型，是机构的结构理论主要研究对象。所有连杆机构构件都在相互平行的平面内运动的为平面连杆机构，否则是空间连杆机构。平面连杆机构的设计、制造、安装和调整都比空间机构容易，因此其应用也较空间连杆机构广泛。在其构件数被限制的情况下，可构成大量各种可能的结构型式。

本章基于多种平面连杆机构的运动学和动力学性能的单一性能指标，分别以变尺度的平面四杆串联机构、变任务的平面五杆并联机构、基于相同工作任务不同构型和不同尺度的平面六杆机构为研究对象，选择适用于进行综合性能分析的各项单一性能指标，确定各单一性能指标的相关程度，通过 PCA 方法及其扩展方法进行综合性能分析和评价，从而通过计算主成分得分选择机构的最优工作任务，或者同步选择机构的最优构型和尺度，为机构的任务优选或机构构型和尺度同步综合提供科学的参考依据。

第一节 平面四杆串联机构全局综合性能评价

曲柄摇杆机构是平面四杆机构中最基本的机构，其他平面四杆机构均可视为曲柄摇杆机构的派生机构，包括双曲柄机构、双摇杆机构、曲柄滑块机构、曲柄摇块机构等。因此，选择曲柄摇杆机构这一典型闭链机构为研究对象，选择不同尺度的样本，基于其各项运动学和动力学的单一性能指标的数据进行数学分析，将 PCA 与 BP 神经网络技术相结合，建立 PCA-BP 神经网络模型，尝试用一种全局 PCA 方法对任意尺度的曲柄摇杆机构进行机构综合性能的分析和评价，使得该评价模型能在不同的曲柄摇杆机构设计样本中得到应用。进而可为 PCA-BP 神经网络模型在其他平面四杆串联机构的综合性能分析和评价中的应用提供参考和借鉴。

一、样本量的确定

样本量是样本中所包含的单位的个数，即抽样个体数。在 PCA 计算的过程中，机构的样本量直接影响对机构综合性能评价所需的计算时间和评价结果的可靠性。因此，基于 PCA 方法对某一类型的机构进行综合性能评价时，样本量的大小是必须明确的问题。没有绝对的样本量标准，不同的研究方法、研究目的、研究要求和研究资料决定了样本量。从实际出发，样本量越小越好，提高计算效率；从理论上讲，样本量越大，信息越多，统计推断越可靠，所以，通常希望在某种要求的可靠度之下用尽可能小的样本量。

在对某一类型的机构进行综合性能评价时，对需要调查的总体并没有什么额外要求，通常只要求机构构型或者机构尺度的变化范围有界；对其分布情况毫无要求，无论其分布接近正态还是远离正态均可，只要样本量足够大（≥30）就有不错的近似。根据以上区间估计理论，明确对估计量的要求时，可以按照下式反推解析得出所需的样本量：

$$n = \frac{\hat{P}(1-\hat{P})}{\dfrac{e^2}{z^2} + \dfrac{\hat{P}(1-\hat{P})}{N}} \tag{4-1}$$

式中，n——样本量；

N——总体单元数；

e——允许的误差限；

z——某一置信水平的对应值；

$\hat{P}$——总体比例的估计值。

通常取在置信度为 95% 以下，误差限 $e = 0.05$；其 95% 的置信度要求 z 的统计量为 1.96；用简单随机抽样估计 $\hat{P}$，取 $\hat{P} = 0.5$。据此可以计算总体大小与所需样本量的关系。由式（4-1）可知，对于 5 000 或更多的调查总体，所需的样本量快速地逼近 400。因此对于简单随机抽样进行机构综合性能评价时，在真实总体比例是 $\hat{P} = 0.5$ 的情况下，400 个机构样本对于大于 5 000 的总体已足以满足给定的精度要求；而对于很小规模的总体，通常必须调查较大比例的样本，以取得所期望的精度。

样本量确定后，即可采用总样本量固定方法分配样本，包括比例分配方法和非比例分配方法两类。基于 PCA 方法对某一类型的机构进行综合性能评价时，一般采取比例分配法确定综合性能优劣的区间后，如果有一定辅助变量可以使用，进一步可以采用按照规模分配法分配样本量。

对于曲柄摇杆机构的全局 PCA，变量为曲柄摇杆机构中各构件长度，即 $x = [l_1, l_2, l_3, l_4]^{\mathrm{T}}$。按照格拉霍夫定理构造曲柄摇杆机构：

——四杆机构存在条件：任意三杆长之和必须大于另外一杆长或是最长杆减去其余任意两杆都要小于第四根杆，可以表示为：

$$(l_1 + l_2 + l_3 + l_4) - 2\max(l_1, l_2, l_3, l_4) > 0 \qquad (4-2)$$

——足杆长条件下，曲柄摇杆机构存在条件：连架杆之一必须是最短杆，且此最短杆为曲柄，其长度要大于或等于给定最小值 a_0（a_0 为这四根杆的下限），同时要小于或等于给定最大值 l_0（l_0 为这四根杆的上限）。即：

$$\min \{l_2, l_3, l_4\} \geqslant l_1 \qquad (4-3)$$

$$\max \{l_1, l_2, l_3, l_4\} \leqslant l_0 \qquad (4-4)$$

$$\min \{l_1, l_2, l_3, l_4\} \geqslant a_0 \qquad (4-5)$$

为了全面评价曲柄摇杆机构综合性能，取 500 组杆长变化样本进行 PCA 分析，在满足式（4-2）、式（4-3）、式（4-4）和式（4-5）的条件下，设曲柄长度 l_1 的变化范围为 10~50 个单位长度，连杆长度 l_2 的变化范围为 110~150 个单位长度，摇杆长度 l_3 的变化范围为 210~250 个单位长度，机架长度 l_4 的变化范围为 190~220 个单位长度，机构单位长度的质量为 0.000 8kg。等距为 10 个单位长度离散杆长，样本总量即为 500，基于 500 个样本进行机构综合性能分析和评价，可以表示曲柄摇杆机构的各杆件尺度在以上范围内变化，任意精度的全局性能特征。

二、基于采样样本的 PCA 计算

针对曲柄摇杆这一典型闭链机构，选用的机构性能指标主要有行程速比系数（x_1）、最小传动角（x_2）、机械效益的最小值（x_3）、类角速度的最大值（x_4）、类角加速度的最大值（x_5）、工作空间（x_6）、一次循环功（x_7）。计算出的 500个样本的 7 个指标的数值如表 4-1 所示。

在对该机构进行多指标综合评价中，行程速比系数（x_1）、最小传动角（x_2）、机械效益的最小值（x_3）、工作空间（x_6）和一次循环功（x_7）是正向指标，而类角速度的最大值（x_4）和类角加速度的最大值（x_5）是逆向指标，因此，首先需利用式（2-25）对表 4-1 中的 x_4 和 x_5 正向化。又由于各指标的度量单位不同，且由表 4-1 可知，各指标取值范围彼此差异较大，进而采用式（2-27）的 Z-Score 变换对各指标进行标准化。正向化和标准化后的曲柄摇杆机构单一性能指标数值如表 4-2 所示。

然后通过计算表 4-2 所示数据的相关系数，从相关系数矩阵 R 出发求解主成分，具体结果如表 4-3 所示。

表 4-1　曲柄摇杆机构单一性能指标数值

样本编号	x_1	x_2 （rad）	x_3	x_4	x_5	x_6 （m²）	x_7 （N·m）
1	1.058	1.030	18.000	0.056	0.058	2 33 3	2.646
2	1.044	1.121	18.989	0.053	0.056	2 242.7	2.651
3	1.032	1.213	19.677	0.051	0.054	2 176.2	2.661
4	1.020	1.306	20.346	0.049	0.053	2 130.9	2.674
5	1.070	0.951	17.999	0.056	0.058	2 548.6	2.671
6	1.056	1.042	19.000	0.053	0.055	2 429.2	2.67
…	…	…	…	…	…	…	…
499	1.344	0.657	3.087	0.324	0.375	15 031	2.739
500	1.285	0.726	3.344	0.299	0.352	14 398	2.732

表4-2　正向化和标准化后的单一性能指标数值

样本编号	zx_1	zx_2	zx_3	zx_4	zx_5	zx_6	zx_7
1	-0.936	1.599	1.984	1.984	1.922	-1.417	-0.231
2	-1.012	2.106	2.103	2.103	2.011	-1.434	-0.158
3	-0.681	0.146	1.584	1.584	1.646	-1.300	-0.018
4	-0.779	0.655	1.807	1.807	1.806	-1.340	-0.074
5	-0.866	1.160	1.984	1.984	1.954	-1.370	-0.082
6	-0.946	1.663	2.152	2.152	2.089	-1.393	-0.052
...	...	...	...	...	...	...	...
499	0.908	-1.038	-0.858	-0.858	-0.835	1.762	0.316
500	0.547	-0.656	-0.815	-0.815	-0.804	1.604	0.253

表4-3　相关系数矩阵 R

	zx_1	zx_2	zx_3	zx_4	zx_5	zx_6	zx_7
zx_1	1.000	-0.881	-0.607	-0.607	-0.599	0.824	0.802
zx_2	-0.881	1.000	0.630	0.630	0.609	-0.805	-0.688
zx_3	-0.607	0.630	1.000	1.000	0.999	-0.868	-0.573
zx_4	-0.607	0.630	1.000	1.000	0.999	-0.868	-0.573
zx_5	-0.599	0.609	0.999	0.999	1.000	-0.862	-0.571
zx_6	0.824	-0.805	-0.868	-0.868	-0.862	1.000	0.706
zx_7	0.802	-0.688	-0.573	-0.573	-0.571	0.706	1.000

由表4-3可知，zx_1、zx_6、zx_7 之间是正相关的，而与 zx_2、zx_3、zx_4、zx_5 具有负相关性。说明当机构可以获得较大的行程速比系数、工作空间、一次循环功的同时，其最小传动角、机械效益的最小值、类角速度的最大值和类角加速度的最大值并不理想。所以，为了构造机构学含义综合性能评价指标，首先根据各指标的相关关系进行分组，zx_1、zx_6、zx_7 为一类，zx_2、zx_3、zx_4、zx_5 为一类，根据各变量对应的因子载荷确定各组的权重系数。第一主成分因子载荷如表4-4所示。

表 4-4   第一主成分因子载荷

Lzx_1	Lzx_2	Lzx_3	Lzx_4	Lzx_5	Lzx_6	Lzx_7	$\sum\limits_{i=1}^{7} \mid Lzx_i \mid$
-0.849	0.839	0.924	0.924	0.918	-0.959	-0.781	6.194

分别对两组变量 zx_1、zx_6、zx_7 和 zx_2、zx_3、zx_4、zx_5 进行 PCA，分组 PCA 既保证了主成分法的优点，也克服其在评价中无法构成机构学意义的综合性能指标的缺点，提高综合评价结果的合理性。各组 PCA 计算的结果如表 4-5 所示。

由表 4-4 可知，分组后各组的第一主成分的累计贡献率均大于 80%，这说明用各组的第一主成分能反映绝大部分机构性能的信息。因此，各组的第一主成分能够反映曲柄摇杆机构的综合性能，进而构造曲柄摇杆机构综合性能评价函数为：

$$y_1 = \frac{0.849 + 0.959 + 0.781}{6.194} \times (0.594zx_1 + 0.572zx_6 + 0.566zx_7) +$$

$$\frac{0.839 + 0.924 + 0.924 + 0.918}{6.194} \times (0.4zx_2 + 0.53zx_3 + 0.53zx_4 + 0.527zx_5)$$

$$(4-6)$$

式中，zx_i ——表 4-2 中的标准化后各指标数值。

表 4-5   分组 PCA 计算结果

分组	特征值	累计贡献率（%）	特征向量
	2.556 0	85.204	(0.594, 0.572, 0.566)
zx_1、zx_6、zx_7	0.295 0	95.023	(-0.065, -0.667, 0.742)
	0.149 0	100	(-0.802, 0.478, 0.360)
	3.471 0	86.772	(-0.4, -0.53, -0.53, -0.527)
zx_2、zx_3、zx_4、zx_5	0.523 0	99.992	(-0.916, 0.219, 0.219, 0.256)
	0.000 3	100	(-0.029, 0.414, 0.414, -0.810 2)
	0.000 0	100	(0, -0.707, 0.707, 0)

由于类角速度的最大值和类角加速度的最大值已经进行正向化处理，所以结

合机构性能指标的意义可知，式（4-6）反映了曲柄摇杆机构综合性能，且各单一性能指标具有均衡性，数值越大，机构综合性能越优。将表4-2中的标准化后各指标数值代入，即可得到第一主成分得分，其得分高低反映了综合性能的优劣。由此可以得出500个曲柄摇杆机构样本中，11号机构具有最优的综合性能，对应的杆长组合为（10，110，230，210）个单位长度；381号机构具有最差的综合性能，对应的杆长组合为（40，150，210，190）个单位长度。其单一性能指标的对比情况如表4-6所示。

表4-6 综合性能最优与最差样本单一性能指标计算结果对比

样本编号	单一性能指标							综合性能得分
	x_1	x_2（rad）	x_3	x_4	x_5	x_6（m²）	x_7（N·m）	
11	1.054	1.054	20.00	0.050	0.053	2 526.1	2.692	1.875
381	1.212	0.795	3.75	0.267	0.313	9 634.2	2.593	-0.883

由表4-6可知，11号样本的最小传动角、机械效益的最小值、类角速度的最大值和类角加速度的最大值、一次循环功等大部分指标都明显优于381号样本。通过机构的综合性能评价可知，PCA计算得出的11号样本综合性能评分亦明显高于381号样本的得分。因此，通过PCA方法可以为平面四杆串联机构的综合性能分析和评价提供可行方法，进而确定出可信度较高的机构结构优选方案。

三、基于BP神经网络的训练

将PCA与BP神经网络相结合构建综合性能最优的工作任务优选模型，由于基于500个不同杆长组合的样本进行曲柄摇杆机构综合性能分析和评价，可以表示曲柄长度 l_1 的变化范围为10~50个单位长度，连杆长度 l_2 的变化范围为110~150个单位长度，摇杆长度 l_3 的变化范围为210~250个单位长度，机架长度 l_4 的变化范围为190~220个单位长度内的所有杆长组合的曲柄摇杆机构的全局综合性能优劣，所以将500组曲柄摇杆机构杆长样本及其对应的PCA计算的第一主成分得分作为训练样本集。采用的BP神经网络模型为4-4-1的三层神经网络，分别采用 tansig 和 purelin 函数作为该三层神经网络的激活函数。即首先对应于曲柄摇杆机构的每一组杆长作为 BP 神经网络的原始输入参量，经过归一化后的数据作为 BP 神经网络的输入。隐层神经元数目主要依靠经验公式（2-48）、式（2-49）和式（2-50）及多次试验来确定最佳个数。通过多次计算，采用隐含层节点数为 4 时，训练样本和验证样本之间的相对误差最小，训练效果较好。输出层对应的是基于第一主成分计算的曲柄摇杆机构综合性能。本网络的训练参数为：学习速率 $a = 0.05$，终止误差 $e = 0.000\,65$。输入 500 组曲柄摇杆机构杆长样本作为训练样本集，对网络进行训练学习，直到满足训练要求为止。图 4-1 所示为 BP 神经网络的训练误差曲线。

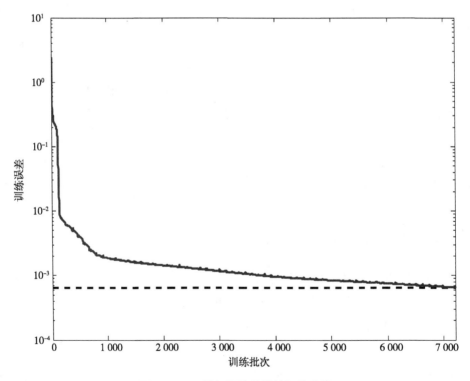

图 4-1　BP 神经网络的训练误差曲线

　　进而，将 500 组曲柄摇杆机构杆长样本作为检验数据输入，可以得到 BP 神经网络学习的机构综合性能计算结果，从而得到 500 种不同尺度机构的优序关系。进一步，将 PCA 结果和 BP 神经网络学习结果的综合性能优序关系进行比较可知，500 种不同尺度的机构样本综合性能评价的输入 BP 神经网络进行学习的结果和基于 PCA 计算的结果接近。

　　计算可知预测结果的平均相对误差为 1.819 5%，基本满足训练要求。为进一步验证基于 PCA-BP 网络的全局 PCA 方法用于机构综合性能评价的有效性，把训练数据之外的数据输入已训练好的网络中，对综合性能结果进行预测。

四、基于 PCA-BP 神经网络的预测

　　为进一步验证 PCA-BP 神经网络用于平面四杆串联机构全局综合性能评价的准确性和实用性，按照杆长条件设置新的机构测试样本。令曲柄长度 l_1 的变化范围为 40~50 个单位长度，连杆长度 l_2 的变化范围为 120~130 个单位长度，摇杆 l_3 的长度和机架 l_4 的长度分别为 250 个单位长度和 200 个单位长度。等距为 2 个单位长度离散杆长，样本总量即为 36。选择的单一性能指标仍然是行程速比系数 (x_1)、最小传动角 (x_2)、机械效益的最小值 (x_3)、类角速度的最大值 (x_4)、类角加速度的最大值 (x_5)、工作空间 (x_6)、一次循环功 (x_7)，对 36 个样本进行曲柄摇杆机构综合性能分析和评价。计算出的 36 个测试样本在 7 个指标下的数值，见表 4-7。

表 4-7　测试样本单一性能指标数值

样本编号	x_1	x_2 (rad)	x_3	x_4	x_5	x_6 (m^2)	x_7 (N·m)
1	1.449	0.545	3.440	0.291	0.317	12 916	2.861
2	1.433	0.557	3.484	0.287	0.315	12 870	2.850
3	1.420	0.568	3.526	0.284	0.319	12 829	2.838
4	1.407	0.578	3.566	0.280	0.309	12 793	2.827
5	1.395	0.587	3.605	0.277	0.307	12 760	2.816
6	1.384	0.596	3.642	0.275	0.305	12 731	2.805
…	…	…	…	…	…	…	…

（续表）

样本编号	x_1	x_2 （rad）	x_3	x_4	x_5	x_6 （m^2）	x_7 （N·m）
35	1.556	0.493	2.560	0.391	0.442	16 105	2.873
36	1.537	0.505	2.596	0.385	0.438	16 056	2.861

对表 4-7 中的数据进行正向化和无量纲化，得到的 36 个测试样本的单一性能指标数值如表 4-8 所示。

表 4-8　测试样本的正向化和标准化后的单一性能指标数值

样本编号	zx_1	zx_2	zx_3	zx_4	zx_5	zx_6	zx_7
1	-0.731	0.564	1.216	1.216	1.303	-1.347	-0.011
2	-0.953	0.852	1.335	1.335	1.386	-1.386	-0.416
3	-1.156	1.120	1.449	1.449	1.463	-1.421	-0.818
4	-1.343	1.370	1.558	1.558	1.536	-1.452	-1.219
5	-1.516	1.602	1.663	1.663	1.603	-1.479	-1.612
6	-1.675	1.819	1.764	1.764	1.667	-1.504	-1.989
…	…	…	…	…	…	…	…
35	0.830	-0.737	-1.173	-1.173	-1.127	1.365	0.395
36	0.556	-0.446	-1.075	-1.075	-1.059	1.323	-0.011

进而通过计算各指标间的相关系数，从相关系数矩阵 R 出发求解主成分。各指标的相关系数如表 4-9 所示。

表 4-9　测试样本的相关系数矩阵 R

	zx_1	zx_2	zx_3	zx_4	zx_5	zx_6	zx_7
zx_1	1.000	-0.996	-0.954	-0.954	-0.951	0.922	0.945
zx_2	-0.996	1.000	0.937	0.937	0.930	-0.894	-0.968
zx_3	-0.954	0.937	1.000	1.000	0.997	-0.991	-0.826

（续表）

	zx_1	zx_2	zx_3	zx_4	zx_5	zx_6	zx_7
zx_4	-0.954	0.937	1.000	1.000	0.997	-0.991	-0.826
zx_5	-0.951	0.930	0.997	0.997	1.000	-0.992	-0.811
zx_6	0.922	-0.894	-0.991	-0.991	-0.992	1.000	0.757
zx_7	0.945	-0.968	-0.826	-0.826	-0.811	0.757	1.000

　　比较表 4-9 中测试样本的相关系数矩阵和表 4-3 中采样样本的相关系数矩阵可知，各单一性能指标的相关性的正负关系相同，而相关程度不同，即具体数值不同。进而可知分组 PCA 的分组情况亦相同。第一主成分因子载荷和各组 PCA 结果分别见表 4-10 和表 4-11。

表 4-10　测试样本的第一主成分因子载荷

Lzx_1	Lzx_2	Lzx_3	Lzx_4	Lzx_5	Lzx_6	Lzx_7	$\sum\limits_{i=1}^{7} \| Lzx_i \|$
-0.989	0.980	0.988	0.988	0.984	-0.965	-0.901	6.795

表 4-11　测试样本的分组 PCA 计算结果

分组	特征值	累计贡献率（%）	特征向量
zx_1、zx_6、zx_7	2.751 0	91.711	(0.602, 0.562, 0.568)
	0.244 0	99.847	(-0.042, 0.732, -0.68)
	0.005 0	100	(0.798, -0.386, -0.464)
zx_2、zx_3、zx_4、zx_5	3.471 0	86.772	(0.487, 0.505, 0.505, 0.503)
	0.523 0	99.992	(-0.872, 0.263, 0.263, 0.318 4)
	0.000 3	100	(-0.04, 0.42, 0.42, -0.803)
	0	100	(0, -0.707, 0.707, 0)

　　由表 4-11 可知，分组后各组的第一主成分累计贡献率均大于 80%，因此，利用各组的第一主成分构造的机构测试样本的综合性能评价函数为：

$$y_1 = \frac{0.989 + 0.965 + 0.901}{6.795} \times (0.602zx_1 + 0.562zx_6 + 0.568zx_7) +$$

$$\frac{0.98 + 0.988 + 0.988 + 0.984}{6.795} \times (0.487zx_2 + 0.505zx_3 + 0.505zx_4 + 0.503zx_5)$$

$$(4-7)$$

将表 4-8 中的标准化后各指标数值代入式（4-7），得到测试样本的第一主成分得分。对前文分析的 36 组不同杆长组合的曲柄摇杆机构样本的综合性能结果进行预测，通过构建的 PCA-BP 神经网络模型输入 36 组杆长后，通过学习得到的结果和直接基于 PCA 计算得到的机构综合性能评价结果对比如图 4-2 所示。

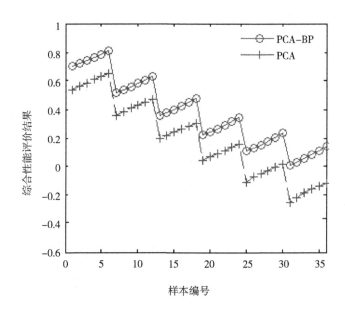

图 4-2　基于 PCA-BP 预测和 PCA 计算的机构综合性能优序关系比较

由图 4-2 可知，基于 PCA-BP 预测和 PCA 计算的机构综合性能优序关系一致。其中，6 号机构综合性能最优，对应的杆长组合为（40，130，250，200）个单位长度；31 号机构综合性能最差，对应的杆长组合为（50，120，250，200）个单位长度。其单一性能指标的对比情况如表 4-12 所示。

表4-12 综合性能最优与最差测试样本单一性能指标计算结果对比

样本编号	单一性能指标							综合性能得分	
	x_1	x_2 （rad）	x_3	x_4	x_5	x_6 （m²）	x_7 （N·m）	PCA	PCA- BP
6	1.384	0.596	3.642	0.275	0.305	12 731	2.805	0.815	0.68
31	1.654	0.435	2.394	0.418	0.504	16 379	2.922	-0.258	0.003

由表4-12可知，与全局PCA中综合性能最优和综合性能最差机构样本的情况相同，6号测试样本的最小传动角、机械效益的最小值、类角速度的最大值和类角加速度的最大值、一次循环功等大部分指标都明显优于31测试号样本。PCA和PCA-BP神经网络预测的结果均显示6号测试样本综合性能评分也明显高于31号测试样本的得分。将PCA与BP神经网络相结合构建耦合预测模型，通过合理的系统抽样，能全局反映完成特定工作任务的任一构型和尺度的机构综合性能；进而可以根据机构设计方案的不同，调整BP网络的输入，使得该评价模型能在不同的设计样本中得到应用，准确、快速地评价机构综合性能，并对机构分析和综合具有一定的指导意义。

第二节 平面五杆并联机构全局综合性能评价

相对于平面四杆串联机构各单一性能指标之间较强的线性关系，平面五杆并联机构单一性能指标的多样性和其之间的非线性关系难以用一般的数学方法表达，因此，可尝试将KPCA-BP神经网络的全局综合性能评价方法引入面向不同工作任务的并联机构综合性能评价中。通过对不同尺度机构的合理的系统抽样，基于多个并联机构常用的单一性能指标，既以少数新的相互独立的综合变量（核主成分）取代原始多维变量，处理单一性能指标的非线性关系，又可以改进BP神经网络较易陷入局部极小和收敛速度很慢等不足之处，通过合理的系统抽样，建立一个完成不同工作任务的并联机构全局综合性能的KPCA-BP神经网络模型，使得该公共的任务空间的综合评价效果最佳。

首先利用KPCA方法对合理采样的并联机构单一性能指标数据进行预处

理，得到核主成分评价结果，使 BP 神经网络的输入数据减少且相关，简化网络结构，加快学习速度，提高预测精度。进一步，根据并联机构工作任务的不同相应调整 BP 网络的输入，可以对一定工作区间内不同工作任务的并联机构综合性能进行合理预测。从而提出一种基于多种单一性能指标的并联机构全局综合性能评价新方法，由此为并联机构工作任务优序关系研究提供科学的参考依据。

一、基于采样样本的 PCA 计算

平面 2-RR 并联机构的结构如图 4-3 所示，该并联机构由两条运动链构成，每条运动链都包含了两个连杆和两个转动关节，连接处 O 是并联机构的末端执行器，并联机器人的两个基座 A_1、A_2，两个主动关节分别位于 A_1、A_2 处，两个被动关节分别位于 B_1、B_2 处。其中 l_1 和 l_4 为 60 个单位长度，l_2 和 l_3 为 80 个单位长度，基座 A_1、A_2 的间距为 100 个单位长度。

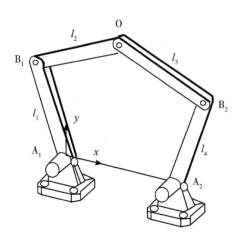

图 4-3　平面 2-RR 并联机构结构

利用尺寸型方法得到工作空间形状，据此确定不同的工作任务。平面 2-RR 并联机构在工作空间中完成半径为 16 个单位长度的圆形工作任务，任务方程为：

$$\begin{cases} x = 16\cos\gamma_i + 50 \\ y = 16\sin\gamma_i + n_j \end{cases} \quad (i=1, 2, \cdots, 20) \tag{4-8}$$

式中，γ_i——每个圆形任务上 20 个不同离散点的角度；

n_j——任务圆心在工作空间内相对 x 轴的偏离距离，变化区间为 [0，100] 个单位长度。

不同任务圆心变化区间在工作空间的位置如图 4-4 所示，图中两个区域的交集即为平台的工作区域，直线表示的是任务圆心的变化范围为 [0，100] 个单位长度。

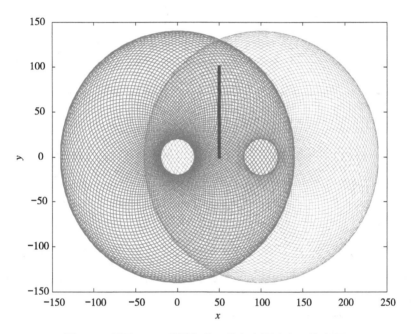

图 4-4　平面 2-RR 并联机构工作任务圆心和工作空间

按照式（4-1）反推解析得出所需的样本量，取在置信度为 95% 下，误差限 $e=0.05$；其 95% 的置信度要求 Z 的统计量为 1.96；用简单随机抽样估计 P，取 $\hat{P}=0.5$。因此，在相对 x 轴的偏离距离变化区间为 [0，100] 个单位长度中，需要按照 0.1 个单位长度的精度选择任务圆心位置进行不同任务的综合性能评价时，由此可计算出式（4-8）中的抽样工作任务数 $j=286$。进而，采用总样本量固定方法，按照比例分配采样样本，所以，在相对 x 轴的偏离距离变化区间为

[0，100] 个单位长度中，按照 0.35 个单位距离的间隔选择 286 个工作任务的圆心。

针对平面 2-RR 并联机构这一典型闭链机构，选用的机构单一性能指标主要有运动学条件数（x_1）、最小奇异值（x_2）、运动学可操作度（x_3）、方向可操作度（x_4）、加速度性能指标（x_5）、惯性力性能指标（x_6）。每个圆形任务上 20 个不同离散点的机构单一性能指标的数值不同，所以针对任一任务取各指标的平均值，进而计算机构完成 286 个不同工作任务时的 6 个指标的数值如表 4-13 所示。

表 4-13　平面 2-RR 并联机构单一性能指标数值

样本编号	x_1	x_2	x_3 （m^3）	x_4 （m^3）	x_5	x_6
1	242.44	24.422	4 174.9	1 775.5	6.179	174.91
2	185.45	24.515	4 829.6	1 845.8	7.248	188.19
3	188.89	24.715	5 139.9	1 929.6	39.889	188.63
4	296.67	24.888	4 467.1	2 015.9	7.457	164.24
5	1 069.5	25.773	4 589.1	2 112.9	6.147	170.64
6	128.44	26.099	5 079.2	2 201.9	5.770	211.33
…	…	…	…	…	…	…
285	7.701	40.585	7 616.2	4 722.5	2.642	216.86
286	9.113	40.032	7 479.7	4 618.3	2.652	224.60

在对该机构进行多指标综合评价中，最小奇异值（x_2）、运动学可操作度（x_3）和方向可操作度（x_4）是正向指标，而运动学条件数（x_1）、加速度性能指标（x_5）和惯性力性能指标（x_6）是逆向指标，因此，首先需对利用式（2-25）对表 4-13 中的 x_1、x_5 和 x_6 正向化。又由于各指标的度量单位不同，且由表 4-13 可知，各指标取值范围彼此差异较大，进而采用式（2-27）的 Z-Score 变换对各指标进行标准化。正向化和标准化后的平面 2-RR 并联机构单一性能指标数值如表 4-14 所示。

表 4-14　正向化和标准化后的单一性能指标数值

样本编号	zx_1	zx_2	zx_3	zx_4	zx_5	zx_6
1	−2.249	−2.931	−3.343	−2.638	−1.525	−0.879
2	−2.240	−2.920	−2.726	−2.613	−1.739	−1.335
3	−2.240	−2.898	−2.433	−2.583	2.749	−1.348
4	−2.255	−2.878	−3.067	−2.552	−1.773	−0.461
5	−2.273	−2.779	−2.952	−2.518	−1.517	−0.719
6	−2.222	−2.742	−2.491	−2.486	−1.422	−1.991
…	…	…	…	…	…	…
285	−1.313	−1.116	−0.101	−1.593	0.413	−2.127
286	−1.462	−1.178	−0.229	−1.630	0.401	−2.306

　　由于单一性能指标间可能存在一定的相关性，使数据存在一定的信息重叠，应用相关系数矩阵可以充分反映指标间的相关性，这也是降维的首要条件。通过计算表 4-14 所示数据的相关系数，从相关系数矩阵 R 出发求解主成分，具体结果如表 4-15 所示。

表 4-15　相关系数矩阵 R

	zx_1	zx_2	zx_3	zx_4	zx_5	zx_6
zx_1	1.000	0.971	0.523	0.924	0.809	0.797
zx_2	0.971	1.000	0.685	0.954	0.760	0.664
zx_3	0.523	0.685	1.000	0.622	0.351	−0.058
zx_4	0.924	0.954	0.622	1.000	0.644	0.675
zx_5	0.809	0.760	0.351	0.644	1.000	0.657
zx_6	0.797	0.664	−0.058	0.675	0.657	1.000

　　由表 4-15 可知，zx_1、zx_2、zx_3、zx_4、zx_5、zx_6 正相关，且 6 个单一性能指标的相关系数值都比较大，相关性较强。所以并联机构在完成 286 个采样工作任务时，单一性能指标的优劣变化趋势是相同的。所以，并联机构在具有较大的最小奇异值、运动学可操作度和方向可操作度的同时，运动学条件数趋于 1，且加速

度性能指标和惯性力性能指标相对较小。为了构造有机构学含义综合性能评价指标，基于相关系数矩阵进行 PCA，分析结果见表 4-16。

由表 4-16 可知，当用第一主成分变量作为综合性能指标代替原来的 6 个单一性能指标，反映了并联机构的各单一性能指标的均衡性，进而进行综合性能评价。构造并联机构综合性能评价函数表达式为：

$$y_1 = 0.469zx_1 + 0.467zx_2 + 0.279zx_3 + 0.449zx_4 + 0.394zx_5 + 0.357zx_6$$

$$(4-9)$$

式中，zx_i——表 4-14 中的标准化后各指标数值。

由于运动学条件数、加速度性能指标和惯性力性能指标已经进行正向化处理，所以结合机构性能指标的意义可知，式（4-9）反映了并联机构的综合性能，且各单一性能指标具有均衡性，数值越大，机构综合性能越优。将表 4-14 中的标准化后各指标数值代入，即可得到第一主成分得分，基于 PCA 方法的 34 种不同工作任务对应的综合性能的评分高低反映了综合性能的优劣。综合性能评分如图 4-5 所示。

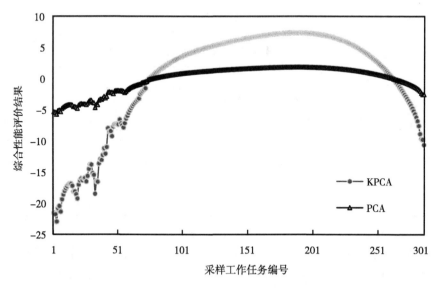

图 4-5　PCA 与 KPCA 综合性能评价结果对比

但是由表 4-16 可知，PCA 计算的第一主成分的贡献率为 74.118%，因此，式（4-9）所涵盖的原性能指标的信息不够多，样本代表性偏差，从而得出的综合性能评价结果可靠性不够高，因此，需要引入 KPCA 方法应用于并联机构采样样本的综合性能分析和评价及其任务优选中。

二、基于采样样本的 KPCA 计算

将 KPCA 应用于并联机构综合性能评价时，以第一主成分贡献率为目标函数，以核函数参数类型及其参数为优化变量建立优化问题来选择合适的核函数及其参数。本例中选取多项式核函数如下：

$$k(x_i, x_j) = [x_i \cdot (36x_j) + 1]^2 \tag{4-10}$$

进而计算核矩阵的特征值和累积方差贡献率，与 PCA 方法计算结果对比如表 4-16 所示。

表 4-16　PCA 和 KPCA 计算结果比较

PCA 方法			KPCA 方法	
特征值	累计贡献率（%）	特征向量	特征值	累计贡献率（%）
4.447	74.118	(0.469, 0.467, 0.279, 0.449, 0.394, 0.357)	2.120	80.002
1.111	92.733	(-0.07, 0.128, 0.761, 0.1, -0.181, -0.597)	0.333	92.579
0.367	98.843	(0.064, 0.092, -0.059, 0.415, -0.86, 0.268)	0.161	98.668
0.051	99.69	(-0.371, -0.151, -0.3, 0.767, 0.248, -0.317)	0.023	99.548
0.019	99.904	(-0.5, -0.396, 0.49, 0.078, 0.105, 0.58)	0.009	99.882
0.006	100	(0.619, -0.76, 0.097, 0.151, 0.004, -0.088)	0.003	100

由表 4-16 中 KPCA 计算结果的相关数据可见，第一主成分的累积方差贡献率达到 80.002%。因此，对于并联机构的综合性能评价，只要选择合适的核函数及核参数，就能保证使用 KPCA 方法降维后保留的信息比使用 PCA 方法降维后保留的信息要多，使用 KPCA 计算得出的第一核主成分即可对并联机构进行综合性能评价。通过计算原空间中的各组性能参数向量在变换空间中的在主元方向上的投影，即可得出完成不同任务的并联机构的综合性能评分。与 PCA 方法计算

的第一主成分得分的结果对比如图 4-5 所示。

由图 4-5 可知，对于完成 286 个不同的采样工作任务的并联机构进行综合性能评价后，PCA 方法计算结果和 KPCA 方法计算的结果分布趋势大致相同，说明了 KPCA 方法的有效性和实用性。但是通过 KPCA 方法可以加大综合性能优劣分布的梯度，使得各样本的综合性能优劣分布更趋明显，且由于 KPCA 方法降维后保留的信息比使用 PCA 方法降维后保留的信息要多，所以可以按照 KPCA 方法计算的结果作为 BP 神经网络的训练样本集，建立一个完成不同工作任务的平面 2-RR 并联机构全局综合性能的 KPCA-BP 神经网络模型。

三、基于 BP 神经网络的训练

将 KPCA 与 BP 神经网络相结合构建综合性能最优的工作任务优选模型，由于基于 286 个样本进行并联机构综合性能分析，可以表示工作圆心相对 x 轴的偏离距离变化区间为 [0，100] 个单位长度内，精度为 0.1 个单位长度，完成半径为 16 个单位长度的不同工作任务的并联机构的全局综合性能优劣，所以将 286 个工作任务的圆心坐标位置及其对应的 KPCA 计算的第一核主成分得分作为训练样本集。采用的 BP 神经网络模型为 1-10-1 的三层神经网络，隐层传递函数为 tansig，输出层传递函数为 purelin 函数。即首先对应于工作任务的圆心坐标位置作为 BP 神经网络的原始输入参量，经过归一化后的数据作为 BP 神经网络的输入。隐层神经元数目主要依靠经验公式（2-48）、式（2-49）和式（2-50）及多次试验来确定最佳个数。通过多次计算，采用隐含层节点数为 10 时，训练样本和验证样本之间的相对误差最小，训练效果较好。输出层对应的是基于 KPCA 计算的第一核主成分得分的平面 2-RR 并联机构综合性能。本网络的训练参数为：学习速率 $a = 0.05$，终止误差 $e = 0.000\,65$，最大迭代次数 $N = 50\,000$。输入 286 组工作任务的圆心坐标位置作为训练样本集，对网络进行训练学习，直到满足训练要求为止。图 4-6 为 BP 神经网络的训练误差曲线。

由图 4-6 可知，训练批次为 1 266 次即可达到所要求的误差精度。进而，将 286 组工作任务的圆心坐标位置作为检验数据输入，BP 神经网络学习结果如图 4-7 所示。

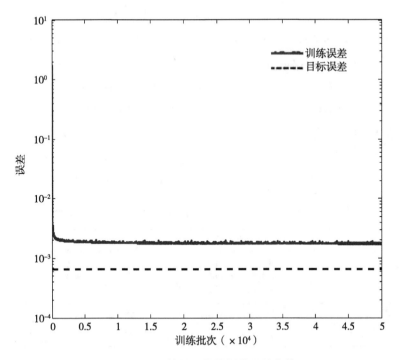

图4-6 BP神经网络的训练误差曲线

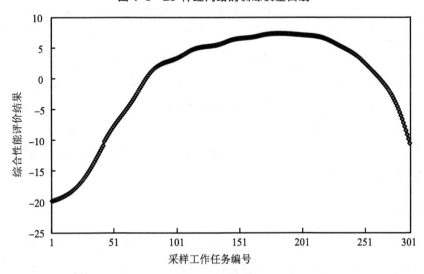

图4-7 KPCA-BP神经网络训练输出综合性能评价结果

由图 4-6 可知，对于完成 286 种不同工作任务样本的并联机构进行综合性能评价，BP 神经网络的训练的结果和 KPCA 方法计算结果分布趋势大致相同，说明了 KPCA-BP 神经网络的并联机构全局综合性能评价模型的有效性。从而可以对并联机构的工作任务进行优选，使得机构的综合性能较好。进一步分析图 4-5 和图 4-7 可知，对应于 PCA、KPCA 和基于 KPCA-BP 神经网络的学习结果，均是对应表 4-13 中 3 号任务综合性能最差，其任务圆心的位置为（50，0.7）个单位长度；189 号任务综合性能最好，其任务圆心的位置为（50，65.8）个单位长度。综合性能最优与最差样本单一性能指标的对比情况如表 4-17 所示。

表 4-17　综合性能最优与最差样本单一性能指标计算结果对比

样本编号	单一性能指标						综合性能得分		
	运动学条件数	最小奇异值	运动学可操作度（m^3）	方向可操作度（m^3）	加速度性能指标	惯性力性能指标	PCA	KPCA	KPCA-BP
3	188.887	24.715	5 139.916	1 929.645	39.889	188.626	−5.806	−22.903	−19.657
189	2.420	57.009	7 860.143	11 889.483	2.232	137.766	1.89	7.418	7.389

由表 4-17 可知，平面 2-RR 并联机构在完成第 189 号任务时，运动学条件数、最小奇异值、运动学可操作度、方向可操作度、加速度性能指标和惯性力性能指标都优于完成第 3 号任务时的各项单一性能指标。进而，由并联机构综合性能评价结果可知，通过 PCA、KPCA 和 KPCA-BP 预测得出的第 189 号任务综合性能评分均明显高于 3 号任务综合性能的得分，所以间接验证了 KPCA 和 KPCA-BP 预测的准确性。为进一步验证基于 KPCA-BP 网络的全局 PCA 方法用于并联机构综合性能评价的有效性，把训练数据之外的数据输入已训练好的网络中，对综合性能结果进行预测。

四、基于 KPCA-BP 神经网络的预测

为进一步验证 KPCA-BP 神经网络用于平面 2-RR 并联机构全局综合性能评价的准确性和实用性，按照工作任务设置新的机构测试样本。按照式（4-8）设置新的工作任务。其中，n_j 的变化区间为［31，60］个单位长度，按照 1 个单位长度的

精度选择任务圆心位置。选择的单一性能指标仍然是运动学条件数（x_1）、最小奇异值（x_2）、运动学可操作度（x_3）、方向可操作度（x_4）、加速度性能指标（x_5）、惯性力性能指标（x_6），分别基于 KPCA 方法和 KPCA-BP 神经网络对完成工作任务数 j = 30 个不同任务的并联机构的综合性能进行评价。计算出平面 2-RR 并联机构完成 30 个不同测试工作任务样本时的 6 个指标的数值如表 4-18 所示。

表 4-18　测试样本的单一性能指标数值

样本编号	x_1	x_2	x_3（m^3）	x_4（m^3）	x_5	x_6
1	2.748	54.950	8 293.747	10 341.879	3.771	150.739
2	2.707	55.251	8 268.621	10 479.212	3.698	149.424
3	2.672	55.507	8 241.361	10 607.421	3.625	148.222
4	2.642	55.722	8 212.470	10 726.536	3.554	147.119
5	2.615	55.903	8 182.443	10 836.688	3.485	146.103
6	2.591	56.053	8 151.750	10 938.109	3.417	145.167
…	…	…	…	…	…	…
29	2.410	56.902	7 792.536	11 936.584	2.352	136.863
30	2.410	56.923	7 798.127	11 945.943	2.329	136.906

对表 4-18 中的数据进行正向化和无量纲化，得到的 30 个测试样本的单一性能指标数值如表 4-19 所示。

表 4-19　测试样本的正向化和标准化后的单一性能指标数值

样本编号	zx_1	zx_2	zx_3	zx_4	zx_5	zx_6
1	-2.464	-2.929	2.002	-2.294	-1.634	-2.289
2	-2.098	-2.336	1.854	-2.002	-1.532	-2.007
3	-1.772	-1.833	1.694	-1.730	-1.428	-1.746
4	-1.481	-1.410	1.525	-1.477	-1.321	-1.502
5	-1.221	-1.055	1.349	-1.244	-1.212	-1.274
6	-0.988	-0.760	1.168	-1.028	-1.102	-1.061
…	…	…	…	…	…	…

（续表）

样本编号	zx_1	zx_2	zx_3	zx_4	zx_5	zx_6
285	0.960	0.910	−0.940	1.091	1.464	0.953
286	0.965	0.952	−0.907	1.111	1.543	0.942

通过式（4-10）计算表 4-19 中的 30 组性能参数向量在变换空间中的在主元方向上的投影，即可基于 KPCA 方法得出完成不同任务的平面 2-RR 并联机构的综合性能评分。进而，通过构建的 KPCA-BP 神经网络模型输入 30 个不同测试工作任务的圆心位置坐标后，通过 KPCA-BP 神经网络学习得到的结果和直接基于 KPCA 计算得到的机构综合性能评价结果对比如图 4-8 所示。

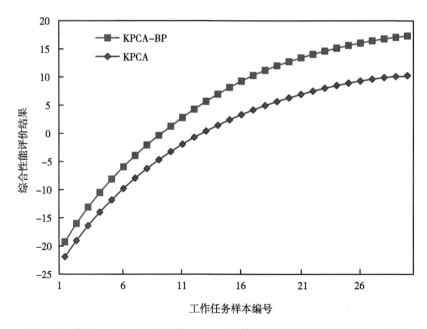

图 4-8　基于 KPCA-BP 预测和 KPCA 计算的机构综合性能优序关系比较

由图 4-8 可知，对于完成 30 种不同工作任务的并联机构综合性能评价，BP 神经网络预测结果和 KPCA 计算结果分布趋势完全相同，得出具有最优综合性能的任务——第 30 号任务，其任务圆心的位置为（50，60）个单位长度；最差综合性能的任务——第1号任务，其任务圆心的位置为（50，31）个单位长度。机构综合性能最优与最差任务单一性能指标的对比情况如表4-20所示。

表4-20　综合性能最优与最差测试样本单一性能指标计算结果对比

样本编号	单一性能指标						综合性能得分	
	运动学条件数	最小奇异值	运动学可操作度（m³）	方向可操作度（m³）	加速度性能指标	惯性力性能指标	KPCA	KPCA-BP
30	2.410	56.923	7 798.127	11 945.94	2.329	136.906	10.260	7.055
1	2.748	54.950	8 293.747	10 341.88	3.771	150.739	-21.902	2.645

由表4-20可知，除运动学可操作度外，并联机构在完成第30号任务时，运动学条件数、最小奇异值、运动学可操作度、加速度性能指标和惯性力性能指标都优于完成第1号任务时的各项单一性能指标。进而，由并联机构综合性能评价结果可知，通过KPCA计算和KPCA-BP预测得出的第30号任务综合性能评分均明显高于1号任务综合性能的得分，所以用于预测的30个工作任务中，完成第30号任务时，并联机构的综合性能较好。因此将KPCA与BP神经网络相结合构建全局综合性能评价模型，通过合理的系统抽样，全局反映了完成一定工作区间内不同工作任务的并联机构综合性能优劣；进而可以根据机构工作任务位置的不同，调整BP网络的输入，使得该评价模型能在不同的样本中得到应用，准确、快速的评价机构综合性能，并基于此设置工作任务和并联机构的相对位置，以保证并联机构以最优的综合性能完成此工作任务。

第三节　牛头刨床主运动机构的综合性能评价

牛头刨床由于刨刀的结构简单、刨削窄长表面时也可得到高的生产率，所以在单件小批生产中，特别是在工具、机修中仍被广泛使用。机械传动的普通牛头刨床的主运动机构的类型是相当多的，中小型牛头刨床的主运动大多采用平面六杆双闭链结构，常见的结构有两种，如图4-9所示。

图4-9中，Ⅰ型机构由曲柄摆动导杆机构和摇杆滑块机构组合而成，属于二

级机构；Ⅱ型机构属于由 6 个构件组成的三级机构，它的导杆作复杂的平面运动。刨床工作时，曲柄转动，通过六杆机构驱动刨头做往复移动。当这两种构型的六杆机构完成相同工作任务时，对两者如何进行综合性能分析和比较，目前尚无系统的论述。因此，本节以综合性能最优和最差两种构型的机构为研究对象，基于 PCA 方法和 KPCA 方法对其各项运动学和动力学的单一性能指标的数据进行数学分析，通过比较 PCA 方法和 KPCA 方法的降维效果，选择更适合于牛头刨床的主运动机构分析的方法，进而通过选择综合性能最优的机构构型和尺度，为构型和尺度同步综合研究提供科学的参考依据。

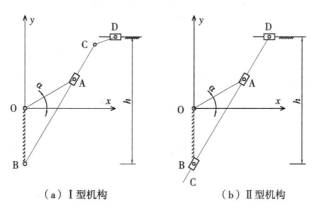

（a）Ⅰ型机构　　　　　（b）Ⅱ型机构

图 4-9　牛头刨床的主运动机构示意

一、牛头刨床的主运动机构结构分析

选择图 4-9 中两种不同构型的牛头刨床的主运动机构为研究对象，工作任务要求刨刀的工作行程 $s = 0.5$m，机构中各杆件单位长度的质量为 200kg/m，各滑块和摇块的质量分别为 0.259kg，工作过程中刨刀的阻力 $p = 7\,000$N。

对应设定的工作任务，可确定Ⅰ型机构的机架 OB 的长度 l_2 变化范围为 0.38~0.43m，摇杆 BC 的长度 l_3 变化范围为 0.54~0.59m，进而通过结构的几何关系可以推算，高度 h 的变化范围为 0.53~0.59 m，曲柄 OA 的长度 l_1 和连杆 CD 的长度 l_4 分别为：

$$l_1 = \frac{s \times l_2}{2l_3} \tag{4-11}$$

$$l_4 = l_3/4 \tag{4-12}$$

对应设定的工作任务，可确定 Ⅱ 型机构的机架 OB 的长度 l_2 变化范围为 0.38~0.43m，导杆 CD 的长度 l_3 变化范围为 0.675 0~0.737 5m，进而通过结构的几何关系可以推算，高度 h 的变化范围为 0.53~0.59m，曲柄 OA 的长度 l_1 为：

$$l_1 = l_2 \sin\left(\arctan\frac{s}{2h}\right) \tag{4-13}$$

由于 Ⅰ 型机构和 Ⅱ 型机构的刨刀工作行程和一次循环功相同，因此可以选择闭链机构典型的性能指标，包括行程速比系数、最小传动角、类角速度的最大值、类角加速度的最大值、机械效益的最小值对其性能进行分析和评价。此外，针对牛头刨床主运动机构完成的功能，即曲柄 OA 旋转 360° 的过程中，刨床的工作过程由工作行程和空回行程组成。工作行程中，刨头左行，刨刀进行切削，此时要求速度较低并且均匀，以减少电动机容量和提高切削质量；空回行程中，刨头右行，刨刀不切削，此时要求速度较高，以提高生产率。为保证牛头刨床具有良好的加工质量，应尽可能使其在工作行程中刨头的速度、加速度和驱动力矩平稳，因此，针对刨床工作行程中，速度、加速度和驱动力矩的不均匀性，分别提出单一性能指标——工作行程速度不均匀系数、加速度不均匀系数和驱动力矩不均匀系数对其性能进行分析。具体计算如下：

$$k_v = \sqrt{\frac{1}{n}\sum_{i=1}^{n}(v_i - v_m)^2} \tag{4-14}$$

$$k_a = \sqrt{\frac{1}{n}\sum_{i=1}^{n}(a_i - a_m)^2} \tag{4-15}$$

$$k_T = \sqrt{\frac{1}{n}\sum_{i=1}^{n}(T_i - T_m)^2} \tag{4-16}$$

式中，　　　　　n——工作行程的采样点数目；

v_i、a_i、T_i——工作行程的采样点对应的刨刀的速度、加速度和驱动力矩；

v_m、a_m、T_m——工作行程的刨刀的平均速度、平均加速度和平均驱动力矩。

工作行程速度不均匀系数、加速度不均匀系数和驱动力矩不均匀系数越大，工作行程的速度变化就越不均匀。

二、基于 PCA 的综合性能分析和评价

选择牛头刨床的主运动机构的典型运动学和动力学指标，包括行程速比系数（x_1）、最大压力角（x_2）、类速度的最大值（x_3）、类加速度的最大值（x_4）、机械效益的最小值（x_5）、工作行程速度不均匀系数（x_6）、加速度不均匀系数（x_7）和驱动力矩不均匀系数（x_8）。针对图 4-11 中两种不同构型的牛头刨床的主运动机构，分别按照 0.01m 的单位长度离散 l_2 和 l_3 的杆长，进而计算出 78 个不同构型和尺度的机构的 8 个单一性能指标的数值如表 4-21 所示。

表 4-21　单一性能指标数值

样本 构型	编号	x_1	x_2（rad）	x_3	x_4	x_5	x_6	x_7	x_8
	1	1.884	0.390	0.466	0.547	1 628.3	0.005	0.001	361.13
	2	1.859	0.296	0.459	0.534	1 184.6	0.005	0.001	366.28
I 型机构	3	1.835	0.208	0.453	0.520	952.22	0.005	0.001	372.29
	…	…	…	…	…	…	…	…	…
	35	1.792	0.401	0.439	0.502	2 046.10	0.005	0.001	367.68
	36	1.772	0.314	0.434	0.490	1 377.90	0.005	0.001	372.08
	37	1.780	0.441	0.432	0.508	7 776.50	0.004	0.001	354.98
	38	1.780	0.441	0.432	0.508	7 932.60	0.004	0.001	355.01
II 型机构	39	1.780	0.441	0.432	0.508	8 096.80	0.004	0.001	355.05
	…	…	…	…	…	…	…	…	…
	77	1.699	0.407	0.380	0.433	627.85	0.004	0.001	335.21
	78	1.699	0.407	0.380	0.433	630.13	0.004	0.001	335.23

在对两种构型的机构进行多指标综合评价中，行程速比系数（x_1）和机械效益的最小值（x_5）是正向指标，而最大压力角（x_2）、类速度的最大值（x_3）、类加速度的最大值（x_4）、工作行程速度不均匀系数（x_6）、加速度不均匀系数

（x_7）和驱动力矩不均匀系数（x_8）是逆向指标，因此，首先需对利用式（2-25）对表 4-21 中的 x_1 和 x_5 正向化。又由于各指标的度量单位不同，且由表 4-13 可知，各指标取值范围彼此差异较大，进而采用式（2-27）的 Z-Score 变换对各指标进行标准化。正向化和标准化后的两种不同构型的牛头刨床的主运动机构的单一性能指标数值如表 4-22 所示。

表 4-22　正向化和标准化后的单一性能指标数值

样本 构型	样本 编号	zx_1	zx_2	zx_3	zx_4	zx_5	zx_6	zx_7	zx_8
	1	1.497	-0.392	-1.453	-1.331	-0.175	1.574	0.682	0.895
	2	0.853	-0.277	-0.853	-0.752	-0.441	1.393	0.903	0.315
Ⅰ型 机构	3	0.245	-0.076	-0.300	-0.172	-0.581	1.037	1.005	-0.343
	...	...	...	...	...	...	...	...	...
	35	-0.874	-0.402	0.992	0.699	0.076	-0.266	-0.188	0.160
	36	-1.390	-0.305	1.536	1.285	-0.325	-0.270	0.037	-0.320
	37	1.487	-1.444	-1.443	-1.440	0.312	-1.490	-1.507	-1.448
	38	1.487	-1.444	-1.443	-1.440	0.332	-1.490	-1.507	-1.453
Ⅱ型 机构	39	1.487	-1.444	-1.443	-1.440	0.353	-1.490	-1.507	-1.458
	...	...	...	...	...	...	...	...	...
	77	-1.406	1.448	1.449	1.452	-0.599	1.621	1.460	1.477
	78	-1.406	1.448	1.449	1.452	-0.599	1.621	1.460	1.475

通过计算表 4-22 所示数据的相关系数，从相关系数矩阵 R 出发求解主成分，具体结果如表 4-23 所示。

表 4-23　相关系数矩阵 R

	zx_1	zx_2	zx_3	zx_4	zx_5	zx_6	zx_7	zx_8
zx_1	1.000	-0.781	-0.997	-0.997	0.552	-0.543	-0.782	-0.156
zx_2	-0.781	1.000	0.749	0.803	-0.498	0.503	0.729	0.157
zx_3	-0.997	0.749	1.000	0.993	-0.538	0.561	0.784	0.180
zx_4	-0.997	0.803	0.993	1.000	-0.560	0.566	0.807	0.138

	zx_1	zx_2	zx_3	zx_4	zx_5	zx_6	zx_7	zx_8
zx_5	0.552	-0.498	-0.538	-0.560	1.000	-0.338	-0.502	-0.086
zx_6	-0.543	0.503	0.561	0.566	-0.338	1.000	0.910	0.483
zx_7	-0.782	0.729	0.784	0.807	-0.502	0.910	1.000	0.264
zx_8	-0.156	0.157	0.180	0.138	-0.086	0.483	0.264	1.000

由表 4-23 可知，zx_1 和 zx_5 之间是正相关的，而与 zx_2、zx_3、zx_4、zx_6、zx_7、zx_8 具有负相关性。说明当机构可以获得较大的行程速比系数和机械效益的同时，其最大压力角、类速度、类加速度、工作行程速度不均匀系数、加速度不均匀系数和驱动力矩不均匀系数都较大。所以，为了构造机构学含义综合性能评价指标，首先根据各指标的相关关系进行分组，zx_1、zx_5 为一类，zx_2、zx_3、zx_4、zx_6、zx_7、zx_8 为一类，根据各变量对应的因子载荷确定各组的权重系数。第一主成分因子载荷如表 4-24 所示。

表 4-24　第一主成分因子载荷

Lzx_1	Lzx_2	Lzx_3	Lzx_4	Lzx_5	Lzx_6	Lzx_7	Lzx_8	$\sum\limits_{i=1}^{8} \lvert Lzx_i \rvert$
-0.947	0.842	0.944	0.958	-0.634	0.745	0.917	0.288	6.276

分别对两组变量 zx_1、zx_5 和 zx_2、zx_3、zx_4、zx_6、zx_7、zx_8 进行 PCA，分组 PCA 既保证了主成分法的优点，也克服其在评价中无法构成机构学意义的综合性能指标的缺点，提高综合评价结果的合理性。各组 PCA 计算的结果如表 4-25 所示。

由表 4-16 可知，当用第一主成分变量作为综合性能指标代替原来的 8 个单一性能指标，反映了刨床主运动机构的各单一性能指标的均衡性，进而进行综合性能评价。构造刨床主运动机构综合性能评价函数表达式为：

$$y_1 = \frac{0.947 + 0.634}{6.276} \times (0.707zx_1 + 0.707zx_5) +$$

$$\frac{0.842 + 0.944 + 0.958 + 0.745 + 0.917 + 0.288}{6.276} \times$$

$$(0.416zx_2 + 0.453zx_3 + 0.46zx_4 + 0.401zx_6 + 0.469zx_7 + 0.172zx_8)$$

$$(4-17)$$

式中，zx_i——表4-23中的标准化后各指标数值。

由于各逆向性能指标已经进行正向化处理，所以结合机构性能指标的意义可知，式（4-17）反映了两种不同构型的牛头刨床的主运动机构的综合性能，且各单一性能指标具有均衡性，数值越大，机构综合性能越优。将表4-23中的标准化后各指标数值代入，即可得到第一主成分得分，基于PCA方法的78种不同构型、不同尺度机构的综合性能的评分高低反映了综合性能的优劣。综合性能评分如图4-10所示。

但是由表4-25可知，PCA计算的两组第一主成分的贡献率分别为77.586%和67.889%，因此，式（4-17）所涵盖的原性能指标的信息不够多，样本代表性偏差，从而得出的综合性能评价结果可靠性不够高，因此，需要引入KPCA方法应用于牛头刨床的主运动机构的综合性能分析和评价中。

三、基于KPCA的综合性能分析和评价

将KPCA应用于两种不同构型的牛头刨床的主运动机构的综合性能评价时，以第一主成分贡献率为目标函数，以核函数参数类型及其参数为优化变量建立优化问题来选择合适的核函数及其参数。本例中选取多项式核函数如下：

$$k(x_i, x_j) = [x_i \cdot (4x_j) + 1]^{15} \qquad (4-18)$$

进而计算核矩阵的特征值和累积方差贡献率，与PCA方法计算结果对比如表4-25所示。

表4-25 分组PCA和KPCA计算结果比较

分组	PCA方法			KPCA方法	
	特征值	累计贡献率（%）	特征向量	特征值	累计贡献率（%）
zx_1、zx_5	1.552	77.586	(0.707 1, 0.707 1)	9.34e+006	97.741
	0.448	100	(0.707 1, 0.707 1)	2.173e+005	100

（续表）

分组	PCA 方法			KPCA 方法	
	特征值	累计贡献率（%）	特征向量	特征值	累计贡献率（%）
zx_2、zx_3、zx_4、zx_6、zx_7、zx_8	4.073	67.889	(0.416, 0.453, 0.46, 0.401, 0.469, 0.172)	1.26E+07	80.633
	1.113	86.437	(−0.226, −0.234, −0.273, 0.397, 0.058, 0.811 7)	3.07E+06	99.123
	0.504	94.835	(−0.274, −0.268, −0.225, 0.571, 0.432, −0.538 9)	61 648	99.514
	0.296	99.771	(0.822, −0.473, −0.314, 0.002, 0.041, −0.017)	45 603	99.803
	0.012	99.978	(−0.139, −0.179, −0.008, −0.593, 0.759, 0.143)	19 167	99.925
	0.001	100	(0.077, 0.642, −0.751, −0.064, 0.112, −0.023 0)	11 964	100

由表 4-25 可知，KPCA 得到的各组第一主成分的累积方差贡献率分别达到 97.741% 和 80.633%，样本代表性较好。因此，对于牛头刨床的主运动机构的综合性能评价，只要选择合适的核函数及核参数，就能保证使用 KPCA 方法降维后保留的信息要比使用 PCA 方法降维后保留的信息要多，使用 KPCA 计算得出的第一主成分即可对不同构型和尺度的牛头刨床的主运动机构进行综合性能评价。

四、PCA 与 KPCA 方法应用的比较与分析

通过计算原空间中的各组性能参数向量在变换空间中的在主元方向上的投影，即可得出不同构型和尺度的牛头刨床的主运动机构的综合性能评分。与 PCA 方法计算的第一主成分得分的结果对比如图 4-10 所示。

由图 4-10 可知，两种不同构型机构的综合性能并没有明显的优劣，还需要结合其具体尺度来比较综合性能的优劣。PCA 方法和 KPCA 方法计算的 78 组的牛头刨床的主运动机构综合性能评价的结果分布趋势大致相同，说明了 PCA 方法和 KPCA 方法的有效性和实用性。但是通过 KPCA 方法可以加大综合性能最优和最差的样本分布的梯度，从而方便的选择综合性能最优的构型和尺度，且由于 KPCA 方法降维后保留的信息要比使用 PCA 方法降维后保留的信息要多，所以按

照 KPCA 方法计算的结果选择综合性能最优的牛头刨床的主运动机构的构型和尺度。KPCA 方法计算的 73 号机构综合性能最优，31 号机构综合性能最差，综合性能最优与最差牛头刨床的主运动机构构型如图 4-11 所示，其具体结构尺寸和单一性能指标的对比情况分别见表 4-26 和表 4-27。

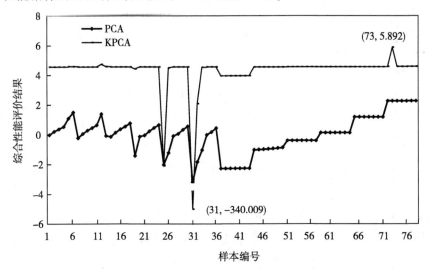

图 4-10　PCA 与 KPCA 方法综合性能评价结果对比

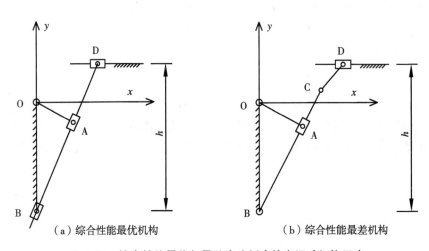

（a）综合性能最优机构　　　　　　　（b）综合性能最差机构

图 4-11　综合性能最优与最差牛头刨床的主运动机构示意

表 4-26 综合性能最优与最差样本结构参数

样本编号	OA（m）	OB（m）	BC（m）	CD（m）	h（m）
73	0.170	0.430	—	0.685	0.580
31	0.199	0.430	0.540	0.135	0.580

表 4-27 综合性能最优与最差样本单一性能指标计算结果对比

样本编号	单一性能指标								综合性能得分	
	行程速比系数	最大压力角（rad）	类速度的最大值	类加速度的最大值	机械效益的最小值	工作行程速度不均匀系数	工作行程加速度不均匀系数	工作行程驱动力矩不均匀系数	PCA	KPCA
73	1.699	0.407	0.380	0.433	619.13	0.004	0.001 1	335.18	2.273	5.892
31	1.884	0.849	0.468	0.553	2 311.80	0.005	0.001 2	362.96	-3.191	-340.099

由表 4-27 可知，73 号机构的最大压力角、类速度、类加速度、工作行程速度不均匀系数、加速度不均匀系数和驱动力矩不均匀系数明显优于 31 号机构，而行程速比系数、机械效益较差。所以传统方法对两种结构进行综合性能评价无法得到孰优孰劣的确切结果，而通过 KPCA 计算得出的 73 号机构综合性能评分明显高于 73 号机构的得分，所以 6 号机构的综合性能较好。可以更为准确地对不同构型和尺度的牛头刨床的主运动机构的综合性能进行评价，确定出可信度较高的优选方案，并为机构构型和尺度同步综合方法提供科学的参考依据。

综上，根据研究对象的不同，可以将 PCA 及其扩展方法应用于不同类型的闭链机构的综合性能进行分析和评价中，既可以揭示指标之间的内在联系，避免设计人员的主观因素对综合评价结果的影响，又使得综合评价能够揭示闭链机构综合性能、机构类型和尺寸、工作任务之间的映射规律，为闭链机构的分析和综合提供合理科学的参考依据。

第五章　飞机起落架收放机构仿真及综合性能分析和评价

　　起落架系统是飞机的关键部件之一，在现代飞机起落架系统的各个工作部件中，收放机构在使用中发生失效的概率较高，约为34.4%，其工作性能直接影响到飞机的安全运行。因此，在对起落架收放机构进行设计的过程中，对其综合性能进行分析和评价具有重大意义。为了减小飞行中的阻力，现代飞机的起落架通常是可收放的。即在起飞后，将起落架收入飞机内部，并关闭起落架舱；着陆前，再放下起落架，将之固定在一定的位置并可靠地锁住。可收放起落架尽管增加了重量，使飞机的结构设计和使用复杂化了，但提高了飞行时的总效率。

　　由于起落架收放机构的结构相对复杂，非线性因素较多，求解运动学结果较为复杂，且很难得出与实际相符且较为精确的动力学结果，为了得到较好的与工作实际相符的仿真结果，应用UG软件的虚拟样机技术建立某型军用飞机前起落架空间收放机构的参数化三维数学模型进行产品的参数化设计，进而评估、修改和完善。利用UG（Unigraphic）和ADAMS（Automatic Dynamic Analysis of Mechanical System）软件的接口，结合ADAMS软件采用的数字样机来代替原来的实物样机试验，在数字状态下仿真计算，研究气动阻力、质量力、惯性力和收放动作筒液压力对收放运动的影响等，进行起落架收放运动学和动力学性能研究。进而求解收放机构运动学和动力学单一性能指标，通过提取不同尺度机构对应的单一性能指标的数值，确定各单一性能指标的相关程度，应用RPCA方法进行综合性能分析和评价，为飞机起落架的收放机构的机构优化设计提供科学的参考依据。

第一节　虚拟样机的建立与收放运动分析

UG 软件能够对复杂曲面和实体进行参数化的三维造型，并能直观地、准确地体现零部件间的装配关系，且提供了精密灵活的仿真分析模块，并能以多种格式提供分析结果，将结果提供给其他仿真软件进行进一步分析。应用 UG 软件对飞机起落架收放机构进行参数化建模和装配，并进行运动仿真，通过动态干涉检查和静态干涉检查来确定参数化建模得出的模型的合理性。

一、飞机起落架收放机构分析

收放机构一般采用连杆机构。通常伴随飞机前起落架向前收入前机身的同时，飞机的整流罩随之收起，因此起落架的收放和整流罩的开合构成了空间联动机构。而结构分析是对一个实际机构进行分析的首要步骤，其关键是通过研究机构的组成及工作原理画出机构运动示意图，进而分析该机构的运动传递情况，以确定其原动件和执行部分，以及中间的各传动构件和运动副类型，从而为进行该机构的结构设计、运动学分析和动力学分析打下良好的基础。本文在某型飞机

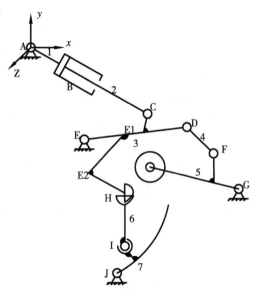

图 5-1　某型飞机起落架收放机构运动原理

起落架收放机构的基础上作了一定程度的简化，由于整流罩开合部分为对称布置，所以仅以一侧整流罩作为研究对象，并省去了部分次要构件，得到图 5-1 所示收放机构运动原理图。

图 5-1 中，1 杆和 2 杆构成收放动作筒，3 为上撑杆，4 杆为下撑杆，5 为缓冲支柱（含机轮），6 杆为拉杆，7 为整流罩。图示状态为起落架收起状态，起

落架放下时，铰链点 C 将向下运动，从而使得构件 5 向下放下缓冲支柱，整流罩 7 打开。

多环机构的环数 L 与其构件数 n 及运动副 p 间有以下关系：

$$L = p - n + 1 \tag{5-1}$$

由式（5-1）可知，图 5-1 所示的飞机起落架收放机构是分别由构件 1、2、3 构成环 I、构件 3、4、5 构成环 II、构件 3、6、7 构成环 III，进而组成了空间三环机构。起落架收放机构具体的运动副类型及自由度见表 5-1。

表 5-1 运动副类型及自由度描述

机构运动副	自由度	运动驱动	运动范围
A 点转动副	1	1 个	不受限制
B 点移动副	1	无	受限制
C 点、D 点、E 点、F 点、G 点、J 点转动副	1	无	不受限制
H 点万向节	2	无	不受限制
I 点球面副	3	无	不受限制

对于各种单环空间机构，假定将闭链改为开链，其自由度数为 $\sum_{i=1}^{p} f_i$，而使该链封闭时，必须满足的约束条件数（独立约束方程数）为 λ，则其自由度数 F 可由下式决定：

$$F = \sum_{i=1}^{p} f_i - \lambda \tag{5-2}$$

所以，由式（5-2）可知环 I、环 II 和环 III 的 λ 分别为 3、3、6。

多环机构的自由度计算公式为：

$$F = \sum_{i=1}^{p} f_i - \sum_{i=1}^{L} \lambda_i \tag{5-3}$$

因而起落架收放机构的自由度数 $F = 13 - 3 - 3 - 6 = 1$，故图 5-1 所示机构的自由度为 1，由收放动作筒驱动，飞机起落架收放机构可以完成单输入—单输出的机构运动。

二、起落架收放系统的参数化建模和装配

对飞机起落架收放机构进行设计的过程中，修改和优化设计贯穿于整个的机构设计的过程中，特别是在产品设计的初期阶段，需要对产品的几何构造及尺寸进行不断的修改和优化。采用 UG 软件的参数化功能对飞机起落架收放机构的设计变量实行参数驱动，也就是在创建模型的过程中用变量来约束模型的尺寸和关系，节省了产品造型设计的时间成本，提高了产品设计阶段的可靠性和安全性。

参数化的设计特别对于飞机起落架收放机构中形状固定的零部件能够方便快捷的建模，只要用一组参数约束其几何图形的尺寸即可。当有新的设计需求时，只需在原有模型的基础上修改参数，即可完成新模型的创建。以参数化技术作为基础的 UG 建模方法大约可分为两种：第一种是应用 UG 软件具备的参数化功能对设计变量实行驱动，也就是在创建模型的过程中用变量来约束模型的尺寸和关系；第二种就是利用程序驱动参数化设计，也就是应用 UG 软件自带的系统开发环境程序接口，用编程的方式来实现参数化的设计。

利用 UG 软件提供的参数化功能模块，实现对飞机起落架收放机构的设计变量驱动进行的模型创建。通过改动上撑杆中 E_2H 长度尺寸 l_1，使其变化范围为 200~230mm，按照精度为 1mm 离散 l_1 的数值；同时改动拉杆 HI 长度尺寸 l_2，使其变化范围为 145~130mm，按照精度为 0.5mm 离散 l_2 的数值。仅对 l_1 和 l_2 尺度进行变化后，无法保证收放动作筒运动完全收回的时候整流罩的合理关闭，进而需要调整构件 7 中撑杆和舱门焊点的位置，才能保证起落架机构的功能实现。设 l_3 是焊接点至舱门旋转轴中心垂直方向距离，使其变化范围为 69~93mm，按照精度为 0.8mm 离散 l_2 的数值。进而可以建立参数化建模数值如表 5-2 所示。

表 5-2　参数化建模数值

样本	l_1（mm）	l_2（mm）	l_3（mm）
1	200	145.0	69.0
2	201	144.5	69.8
3	202	144.0	70.6
4	203	143.5	71.4

（续表）

样本	l_1（mm）	l_2（mm）	l_3（mm）
5	204	143.0	72.2
6	205	142.5	73.0
…	…	…	…
30	229	130.5	92.2
31	230	130.0	93.0

在分别对各零件进行建模的过程中，使用 UG 软件的 Part families 工具可以定义各零件主要参数生成系列化零件数据库。在 UG 软件界面下进入 Tools→Part families，选取表 5-2 中各参数分别作为零件 3、6、7 的提取参数。进而设置保存目录后，选择 Create 命令进入 Excel 工作表，根据表 5-2 录入各零件控制参数的值，从而实现对图形的驱动。通过修改电子表格中的数据即可驱动当前建模文件中的零件结构尺寸的变化，用户可通过控制外部电子表格完成对零件参数的修改，故可避免修改大量参数所带来的工作量，可以用图 5-2 中的模型就可表达出多个同类结构的模型。

采用自底向上的设计方法完成飞机起落架机构的模型装配。在 UG 环境下，按照参数化定义零件的关键尺寸对图 5-1 中零件 3、6、7 的相关长度尺寸进行参数化建模。进入"开始"菜单中的 Assemblies，插入已有的上述零件的元件，选择参考面，通过对起落架空间几何关系的分析，对模型中各个零件间设置约束关系，形成一个起落架实体模型。装配过程中可能会出现尺寸不匹配导致的零件与零件之间发生干涉、空间位置过约束引起的零件无法安装等，需要对零件进行重新设计、修改和装配，直到每个零件都符合装配要求。以 21 号样本为例，飞机起落架机构的总体装配图如图 5-2 所示。

装配完成后，需要进行干涉检查。UG 软件中的干涉检查包括动态干涉检查和静态干涉检查。其中，在机构装配完成后，没有外加驱动力的静止情况下进行静态干涉，检查各构件之间是否存在干涉；与之相对而言，动态干涉是机构运动仿真的过程中，检查各构件之间是否存在干涉，包括不干涉、接触干涉、硬干涉、软干涉和包容干涉。在 UG 环境下，l_1、l_2 和 l_3 尺度变化后，进入"开始"

菜单中的 Assemblies – Components – Check Clearances，对装配形式的零部件进行干涉分析。直接框选需要检查的多个零部件，在随后出现的干涉浏览器中可以很方便地查看当前装配中存在的各种干涉。默认的分析间隙是 0mm，即如果 2 个零件之间的间隙大于 0mm 是"不干涉"，等于 0mm 认为是"接触干涉"，小于 0mm 则认为是硬干涉。而飞机起落架收放机构中不考虑软干涉。经干涉检查，尺度变化的飞机起落架收放机构的 31 组模型各构件建模无误，各构件之间无干涉。

图 5-2　飞机起落架收放机构总体装配

三、起落架收放系统运动仿真

飞机起落架收放机构运动仿真是对设计方案进行实时仿真，不仅可以对机构的运动规律进行分析，获得机构运动的位移曲线、速度曲线和加速度曲线，还能在三维模型中实现机构运动过程的可视化，并且实现运动过程的干涉分析。利用 UG 软件的运动分析模块——Motion 模块进行模拟的运动仿真分析。对表 5-2 中对应的各实体模型进行不同的运动分析仿真。

创建运动副：创建运动副前，起落架收放机构中的构件没有任何约束。当创建运动副后，构件能够被约束一个或几个运动自由度，限制构件间的部分相对运动，使起落架收放机构按预定的方式进行运动。UG 软件的运动分析模块提供了多种运动副类型，能够限制不同数目和类型的自由度数。如表 5-1 所示，对图 5-2 中的模型创建运动副。首先，针对各关节不同形式的运动选择运动副类型，控制相互运动；其次，选择运动副要约束的第一个构件，确定运动副在第一个构件上的原点和方向；最后，与第一个构件有相对运动的构件，依次完成运动副的创建。

定义运动驱动：在已经定义的 B 点移动副上，定义运动驱动，并在此运动副上设置驱动形式，定义匀速直线运动的驱动函数，使得收放动作筒的运动速度为10mm/s，使起落架收放机构能够在该驱动下进行模拟运动，从而实现机构的运动仿真分析。31个样本的运动时间如图5-3所示。

由图5-3可知，随着各样本尺寸的不同，样本的运动时间不同，即起落架收放机构液压收放动作筒的行程不同。

进行动态干涉检查：飞机起落架收放机构空间紧凑、结构较复杂。收放机构运动过程中，多个构件同时运动，并伴随缓冲支柱的举升、收放动作筒的移动，空间的运动相对较为杂乱，所以需要依次对

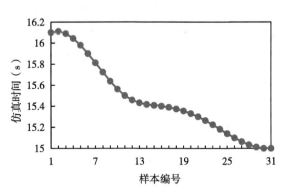

图 5-3　各样本运动运动时间

参数化建模的31个样本检查收放过程中，各运动构件之间发生的碰撞干涉情况。

第二节　单一性能指标的确定及求解

ADAMS是目前世界上使用范围最广的机械系统运动学和动力学仿真软件，使用交互式图形环境和零件库、约束库、力库等创建参数化机械虚拟样机，其求解器采用多刚体动力学理论中的拉格朗日方程法建立系统动力学方程，通过虚拟样机来模拟复杂机械系统的整个运动过程，达到提高设计性能、节约成本、节省时间的目的。所以，基于某型飞机起落架收放机构的 UG 虚拟样机，进一步分析起落架所受载荷，并在 ADAMS 中给建立数字样机，给模型加载，模拟各载荷作用，然后利用该模型分别分析起落架气动阻力、起落架质量、起落架收放作动筒参数等因素对起落架收放性能的影响，得出单一性能指标的数值，用于对飞机起落架收放机构性能综合评价。

一、仿真环境设置

对起落架收放机构运动进行仿真，首先需要分析起落架在收放运动过程

中所受的载荷以及各种可能对收放运动产生影响的因素。在起落架收放过程中，收放作动筒的载荷是通过与所有其他载荷对起落架旋转轴力矩的平衡条件求得的，包括起落架的质量力、气流产生的迎面阻力、起落架运动的惯性力、摩擦力、上锁阻力等，计算时要根据收放运动全过程选出其中最危险的载荷计算收放机构的强度。起落架收放机构所承受的载荷种类繁多，且计算复杂，因此，在仿真过程中，确定以下几种具有主要影响的载荷，对其作用进行仿真分析。

（1）质量力。作用在转动零件的重心上，其方向始终指向地面。在稳定气流中飞行的质量力 P_m 由下式确定：

$$P_m = n^u_{g,\,d} \cdot G_t \tag{5-4}$$

$$n^u_{g,\,d} = 1 + 0.5 K C^a_y \frac{\rho_0 V w S}{G_a} \tag{5-5}$$

$$K = 0.8 \frac{1 - e^{-\lambda}}{\lambda} \tag{5-6}$$

$$\lambda = 0.5 C^a_y \frac{\rho_H g L}{G_a / s} \tag{5-7}$$

式中，　　　　G_t——转动部分的重力，N；

$n^u_{g,\,d}$——起落架收放时的使用过载，不能小于 2.0；

K——由式（5-6）确定的系数；

C^a_y——飞机法向力系数对迎角的导数；

$V = V^{max}_{g,\,d}$——允许收放起落架的最大飞行速度；

w——突风速度，10m/s；

G_a——飞机起飞或者着陆时的重力，N；

S——翼面面积，m^2；

ρ_H——飞行高度的空气密度，$\rho_H = \rho_0 = 1.2kg/m^3$；

g——重力加速度，$9.8m/s^2$；

L——突风强度扩散段长度，30m。

由式（5-5）、式（5-6）、式（5-7）可以计算起落架收放时的使用过载，如表5-3所示。

表5-3　各构件收放时的使用过载

构件	1	2	3	4	5	6	7
$n_{g,d}^u$	2.13	2.36	2.63	2.08	3.14	2.33	2.96

（2）气动阻力。起落架各零件的气动阻力作用在压心上，且指向顺气流方向，起落架各零件上的气动阻力 $P_{a,di}$ 由下式确定：

$$P_{a,di} = C_{xi} \cdot q \cdot S_i \tag{5-8}$$

$$q = \frac{1}{2}\rho_0 V_{g,d}^{max2} \tag{5-9}$$

式中，C_{xi}——起落架各零件上的阻力系数；

　　　q——速压；

　　　S_i——起落架各零件在垂直于气流平面上的投影面积。

主要考虑作用在构件5和构件7上的气动阻力。圆形截面的支柱的阻力系数 C_{x0} 随机轮宽径比的变化而变化，本例中按照机轮宽径比为5选择 $C_{x0} = 0.76$；机轮迎面阻力系数通过文献［55］查取，$C_{xw} = 0.5$；对于整流罩，按板的阻力系数计算，$C_{xh} = 1.28$。

最后，折合成气动力力矩作用在构件5和构件7的旋转运动副上，即：

$$M_{ad} = \sum P_{adi} \cdot b_i \tag{5-10}$$

式中，P_{adi}——各零件气动合力，随收放运动改变；

　　　b_i——各零件气动合力到旋转轴力臂，其值随收放运动改变。

以21号样本为例，在起落架收起的过程中，对应逆风方向整流罩的旋转轴上和缓冲支柱（含机轮）旋转轴上的气动阻力力矩变化曲线分别如图5-4和图5-5所示。

（3）惯性力。要在较短时间内收放起落架，则可能出现较大的惯性力，惯性力对起落架转轴的力矩与旋转角加速度的方向相反。惯性力矩 M_g 由下式确定：

$$M_g = -J \cdot \frac{d^2\varphi}{dt^2} \tag{5-11}$$

式中，　J——起落架对转轴的转动惯量，且 $J = mr^2$；

　　　　m——起落架转动部分质量；

　　　　r——转动部分重心至转轴的距离；

$\dfrac{d^2\varphi}{dt^2}$——起落架对转动角加速度，其值与作动筒力及起落架阻力矩等

有关。

（4）摩擦力。总的摩擦力在收放作动筒上引起的附加载荷 f_P 约为：

$$P_f = (0.18 \sim 0.3)P_{aa} \tag{5-12}$$

式中，P_{aa}——由质量力和气动力引起的作动筒载荷。

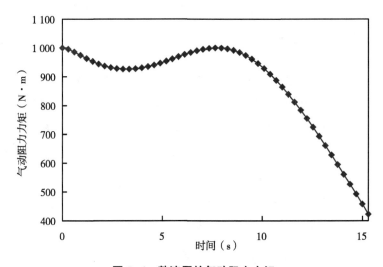

图 5-4　整流罩的气动阻力力矩

二、单一性能指标

飞机起落架收放机构的构型与参数设计通常是通过在一定的约束条件下优化性能指标来完成的，这些指标应该具有明确的意义，并具有可计算性。主要分析和研究的机构单一性能指标如下：

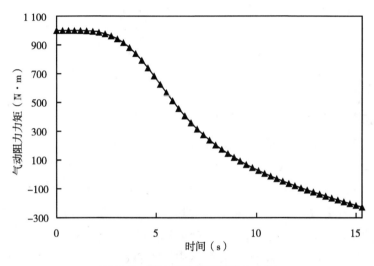

图 5-5　缓冲支柱的气动阻力力矩

——速度性能指标，飞机起落架收放运动过程中，对其整流罩收放的速度和缓冲支柱（含机轮）收放的速度有一定的要求。定义整流罩的运动的角速度为 w_8；缓冲支柱的运动的角速度为 w_5。其速度比为：

$$k = w_8 / w_5 \qquad (5-13)$$

在起落架收放的过程中，整流罩有一个打开的过程，随即关闭。当整流罩关闭时，缓冲支柱随即收起，前半阶段要求 $k_1 < 1$，且越小越好；后半阶段要求 $k_2 > 1$，且越大越好。

且针对起落架收放过程中速度的不均匀性，分别要求缓冲支柱和整流罩的速度不均匀系数 k_{w1} 和 k_{w2} 越小越好，可按照式（4-14）计算。

——加速度性能指标，要在较短时间内收放起落架，则可能出现较大的惯性力，惯性力对起落架转轴的力矩与旋转角加速度的方向相反，惯性对机构性能影响很大。针对起落架收放过程中速度的不均匀性，分别要求缓冲支柱和整流罩的加速度不均匀系数 k_{a1} 和 k_{a2} 越小越好，可按照式（4-15）计算。

——承载力、驱动力性能指标，机构的承载力是机构输出的广义力，驱动力为液压缸的驱动力。机械效益为机构输出力（力矩）与主动力（力矩）的比值。假定起落架收放机构中，作用在液压缸上的驱动力矩为 F_1，作用在缓冲支柱和整流罩上的阻力分别为 $P_{a,d6}$ 和 $P_{a,d8}$，则机械效益为：

$$M_{a1} = \frac{P_{a,\ d6}}{F_1} \tag{5-14}$$

$$M_{a2} = \frac{P_{a,\ d8}}{F_1} \tag{5-15}$$

飞机起落架收放运动的原动件由液压缸驱动，其运动稳定性对飞机起落架收放的工作性能、运行状态及自身的寿命都有很大的影响。因此，要求液压缸收放过程中驱动力不均匀系数 k_{F1} 越小越好，可按照式（4-16）计算。

——收放动作筒工作行程，某型飞机起落架机构的安装空间为设计前所定的固定空间，所以在参数化建模的过程中，对其工作空间的需求可转换为对收放动作筒工作行程的需求。由于收放动作筒为匀速运动，其工作行程越小，完成动作的时间越短，机构效率越高，进而减小机构的体积，使得飞机的整体结构越紧凑。

三、起落架收放机构运动学/动力学仿真

ADAMS 软件虽然便于进行运动学和动力学仿真，但其建模功能相对较弱，但是由于 ADAMS 为 CAD 软件提供了多种数据接口用来相互交换图形数据，因此，对于飞机起落架收放机构这种形状相对较为复杂的大型装配体来说，一般是在 UG 软件中完成起落架收放机构的模型的建立、装配过程分析、干涉检查后，再将模型导入与 CAD 系统独立的 ADAMS 软件中，进行仿真分析。ADAMS/View 可以自动地调动 ADAMS/Solver 求解程序，完成 4 种类型的仿真分析，包括动力学分析以求解自由度大于零的复杂系统的运动和各个作用力，运动学分析求解一系列的方程仿真自由度等于零的确定运动系统的运动，静态分析求解构件各种静态作用力，装配分析来发现和纠正在装配和操作过程中的错误连接，以及不恰当的初始条件。这里先对起落架样机进行静态分析，进而选择动力学分析。

模型的载入和修改：ADAMS 和 UG 有很强的连接性，在 UG 的分析模块中，包含了很多 ADAMS 的分析模块。由于 ADAMS 软件对 Parasolid 接口文件识别较好，可以有效避免装配体在格式转化中数据丢失或出错的问题，所以把 UG 里生成的 prt 文件更改为 Parasolid 格式，便可直接被 ADAMS 导入。所以，将 UG 中装配的飞机起落架收放机构输出为 .cmd 模型文件，进而进入 ADAMS 软件的 view

模块，载入上一步中转化好的 .cmd 模型文件，即可完成模型的载入。

起落架模型的整体位置确定后，可以删掉其中一些对动力学分析无影响的部件，以使模型在动力仿真过程中的运动简单明晰。而且，两个软件功能的差异使导入的模型各零件名称在 ADAMS 中较为杂乱，因此可以手动修改零件名称，以便于在仿真过程中对零件的识别和使用。

检验起落架样机模型：ADAMS/View 提供了一个功能强大的样机模型自检工具，在动力学分析之前，应该对样机模型进行初步检验，排除建模过程中隐含的错误，以保证仿真分析顺利进行。包括利用模型自检工具，检查不恰当的连接和约束、没有约束的构件、无质量构件、样机的自由度等；通过装配分析，检查所有的约束是否被破坏或者被错误定义，纠正错误的约束；进行静态分析，以排除系统在启动状态下的一些瞬态响应。因此，通过 Model Verify 命令启动模型自检，完成自检后，程序会显示自检结果表。

约束定义：若将 UG 软件建立的飞机起落架收放机构的三维实体模型导入 ADAMS 环境，以前的约束就失效了，所以，需要按照表 5-1 对 ADAMS 中创建的模型重新定义约束，包括转动副、移动副、万向节和球副。

模板加载：仿真分析前，还需要加载各作用力。

各零件的质量属性和重力加速度：在 UG 软件中已经生成了模型中各零件的质量属性文件，且零件的质量属性会随着模型一并导入 ADAMS 中，即导入的 ADAMS 的模型既具有几何特性，也有质量属性。由于起落架收放机构各杆件所选用的材料为高强钢，而轮胎的材料为橡胶，所以需要重新设定各构件的材料属性。然后定义重力加速度的大小和方向，ADAMS 软件即可自动根据各零件的质量属性产生重力，作用点在零件的质心。

X 方向气动阻力：起落架在飞机正常飞行过程中，受到的来自飞机航向的气流速度，反映了正风影响。由于起落架气动阻力的变化规律相对复杂，因而对它的模拟是整个仿真过程中一个的难点，按照图 5-5 中所示曲线添加缓冲支柱的气动阻力矩。

Y 方向气动阻力：起落架在飞机正常飞行过程中，受到的来自飞机侧向的气流速度，代表了侧风影响。由于起落架气动阻力的变化规律相对复杂，因而按照

图 5-4 中所示曲线添加整流罩的气动阻力矩，值得注意的是，左右两侧整流罩所加载的气动阻力矩大小相同，方向相反。

惯性力：对起落架转轴的力矩与旋转的方向相反，对于各零件惯性力的加载，需要在提取各零件加速度或者角加速度的基础上进行加载。

摩擦力：按照摩擦系数 0.3 来设置总的摩擦力在收放作动筒上引起的附加摩擦力载荷。

以 21 号样本为例，在 ADAMS 中，添加约束和驱动后飞机起落架机构的模型如图 5-6 所示。

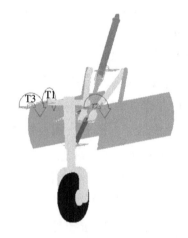

图 5-6　飞机起落架收放机构仿真模型

运动学/动力学分析：按照图 5-3 设置各样本的运动时间，在这个时间之内，起落架应能完成收上到规定的位置的过程，且留有一定的空余时间。进而可以提取整流罩和缓冲支柱的时变的角位移、角速度和角加速度，收放作动筒的驱动力，用以计算评价飞机起落架收放机构单一性能指标的具体数值，包括整流罩角速度和缓冲支柱角速度的前半段速比的最大值（x_1）和后半段速比的最小值（x_2）、缓冲支柱角速度不均匀系数（x_3）、整流罩角速度不均匀系数（x_4）、缓冲支柱角加速度不均匀系数（x_5）、整流罩角加速度不均匀系数（x_6）、缓冲支柱动作的机械效益的最小值（x_7）、整流罩动作的机械效益的最小值（x_8）、驱动力不均匀系数（x_9）、收放动作筒的工作行程（x_{10}）。计算出 31 个不同构型和尺度的机构的 10 个单一性能指标的数值，如表 5-4 所示。

表 5-4　单一性能指标数值

样本编号	x_1	x_2	x_3	x_4	x_5	x_6	x_7	x_8	x_9	x_{10} (mm)
1	0.931	1.092	4.457	7.911	1.579	3.726	0.000	0.053	28 554	161.00
2	0.892	1.049	4.442	7.866	1.839	3.692	0.004	0.214	19 478	161.11
3	0.870	1.024	4.434	7.812	2.041	3.679	0.006	0.314	13 330	160.90
4	0.862	1.014	4.432	7.751	2.193	3.685	0.008	0.362	9 689	160.44
5	0.865	1.015	4.435	7.685	2.301	3.703	0.008	0.367	8 131	159.79
6	0.876	1.025	4.441	7.616	2.372	3.732	0.008	0.339	8 232	159.00
…	…	…	…	…	…	…	…	…	…	…
30	0.859	1.002	4.435	6.760	2.425	3.713	0.006	0.008	15 469	150.00
31	0.872	1.006	4.473	6.755	2.448	3.722	0.005	0.001	12 434	150.00

第三节　起落架收放机构的综合性能分析和评价

以飞机起落架收放机构为研究对象，选择不同尺度的样本，基于其各项运动学和动力学的单一性能指标的数据进行 PCA 计算。由于对机构进行综合分析时，理论假设是各单一性能指标的重要性相同，即具有相同的权重，而实际的工程中对机构的性能要求并不满足此假设。所以，尝试引入 RPCA 方法对起落架收放机构的综合性能进行评价，通过专家调研法确定各单一性能指标比重因子，区分主要指标和次要指标对综合评价的不同影响，以期利用机构的先验信息，更有效地选择出相对综合性能最优的飞机起落架收放机构，由此为机构的尺度综合研究提供科学的参考依据。

一、基于 PCA 的综合性能分析和评价

基于飞机起落架收放机构的典型运动学和动力学指标进行多指标综合评价，其中当整流罩关闭时，整流罩角速度和缓冲支柱角速度后半段行程速比的最大值（x_2）、缓冲支柱动作的机械效益的最小值（x_7）、整流罩动作的机械效益的最小值（x_8）是正向指标，其数值越大说明机械效益越好；当整流罩关闭时，整流罩

角速度和缓冲支柱角速度前半段行程速比的最小值（x_1）、缓冲支柱角速度不均匀系数（x_3）、整流罩角速度不均匀系数（x_4）、缓冲支柱角加速度不均匀系数（x_5）、整流罩角加速度不均匀系数（x_6）、驱动力不均匀系数（x_9）、收放动作筒的工作行程（x_{10}）是逆向指标，其数值越小说明性能越好，因此，首先需对利用式（2-25）对表 5-4 中的 x_1、x_3、x_4、x_5、x_6、x_9 和 x_{10} 正向化。又由于各指标的度量单位不同，且由表 5-4 可知，各指标取值范围彼此差异较大，进而采用式（2-27）的 Z-Score 变换对各指标进行标准化。正向化和标准化后的单一性能指标数值如表 5-5 所示。

表 5-5　正向化和标准化后的单一性能指标数值

样本	zx_1	zx_2	zx_3	zx_4	zx_5	zx_6	zx_7	zx_8	zx_9	zx_{10}
1	−0.525	0.913	0.427	−1.921	4.306	0.913	−1.293	−0.308	−1.489	1.812
2	0.535	−0.239	0.739	−1.811	2.439	1.491	0.086	1.007	−0.969	1.842
3	1.180	−0.916	0.901	−1.677	1.315	1.702	1.021	1.818	−0.214	1.784
4	1.428	−1.199	0.941	−1.523	0.609	1.610	1.573	2.205	0.684	1.654
5	1.341	−1.168	0.887	−1.353	0.164	1.287	1.804	2.246	1.314	1.468
6	1.009	−0.902	0.769	−1.171	−0.107	0.808	1.775	2.021	1.266	1.243
…	…	…	…	…	…	…	…	…	…	…
30	1.522	−1.522	0.880	1.377	−0.299	1.123	0.784	−0.669	−0.545	−1.315
31	1.129	−1.405	0.106	1.392	−0.381	0.981	0.704	−0.726	−0.042	−1.315

通过计算表 5-5 所示数据的相关系数，从相关系数矩阵 R 出发求解主成分，具体结果如表 5-6 所示。

由表 5-6 可知，zx_1、zx_3、zx_4、zx_5、zx_6、zx_7、zx_8、zx_{10} 之间是正相关的，而与 zx_2 和 zx_9 具有负相关性。说明当机构的单一性能指标 x_1、x_3、x_4、x_5、x_6、x_7、x_8、x_{10} 较理想时，x_2 和 x_9 相对较差。所以，为了构造机构学含义综合性能评价指标，首先根据各指标的相关关系进行分组，zx_1、zx_3、zx_4、zx_5、zx_6、zx_7、zx_8、zx_{10} 为一类，zx_2 和 zx_9 为一类，根据各变量对应的因子载荷确定各组的权重系数。第一主成分因子载荷如表 5-7 所示。

表 5-6　相关系数矩阵 R

	zx_1	zx_2	zx_3	zx_4	zx_5	zx_6	zx_7	zx_8	zx_9	zx_{10}
zx_1	1.000	−0.988	0.609	0.017	0.128	0.907	0.784	0.418	−0.014	0.032
zx_2	−0.988	1.000	−0.574	−0.145	−0.014	−0.854	−0.755	−0.323	0.017	−0.097
zx_3	0.609	−0.574	1.000	0.322	0.324	0.465	0.655	0.463	−0.648	0.326
zx_4	0.017	−0.145	0.322	1.000	0.658	0.193	0.296	0.801	−0.041	0.997
zx_5	0.128	−0.014	0.324	0.658	1.000	0.450	0.008	0.288	−0.361	0.654
zx_6	0.907	−0.854	0.465	0.193	0.450	1.000	0.608	0.459	−0.047	0.245
zx_7	0.784	−0.755	0.655	0.296	0.008	0.608	1.000	0.727	−0.073	0.319
zx_8	0.418	−0.323	0.463	0.801	0.288	0.459	0.727	1.000	−0.198	0.829
zx_9	−0.014	0.017	−0.648	−0.041	−0.361	−0.047	−0.073	−0.198	1.000	−0.010
zx_{10}	0.032	−0.097	0.326	0.997	0.654	0.245	0.319	0.829	−0.010	1.000

表 5-7　第一主成分因子载荷

Lzx_1	Lzx_2	Lzx_3	Lzx_4	Lzx_5	Lzx_6	Lzx_7	Lzx_8	Lzx_9	Lzx_{10}	$\sum_{i=1}^{8} \mid Lzx_i \mid$
0.808	−0.729	0.762	0.563	0.475	0.823	0.840	0.802	−0.124	0.597	6.524

　　分别对两组变量 zx_1、zx_3、zx_4、zx_5、zx_6、zx_7、zx_8、zx_{10} 和 zx_2、zx_9 进行 PCA，分组 PCA 既保证了主成分法的优点，也克服其在评价中无法构成机构学意义的综合性能指标的缺点，提高综合评价结果的合理性。分组后，各组累积贡献率大于 80% 的 PCA 计算的结果如表 5-9 所示。

　　由表 5-9 可知，当用第一主成分变量作为综合性能指标代替原来的 10 个单一性能指标，反映了起落架收放机构的各单一性能指标的均衡性，进而进行综合性能评价。构造某型飞机起落架收放机构综合性能评价函数表达式为：

$$y_1 = \frac{0.729 + 0.124}{6.524} \times (0.707zx_2 + 0.707zx_9) +$$

$$\frac{0.808 + 0.762 + 0.563 + 0.475 + 0.823 + 0.84 + 0.802 + 0.597}{6.524} \times$$

$$(0.316zx_1 + 0.342zx_3 + 0.358zx_4 + 0.276zx_5 +$$

$$0.351zx_6 + 0.371zx_7 + 0.425zx_8 + 0.371zx_{10}) \tag{5-16}$$

式中，zx_i ——表 5-5 中的标准化后各指标数值。

由于各逆向性能指标已经进行正向化处理，所以结合机构性能指标的意义可知，式（5-16）反映了起落架收放机构的综合性能，且各单一性能指标具有均衡性，数值越大，机构综合性能越优。将表 5-5 中标准化后各指标数值代入，即可得到第一主成分得分，基于 PCA 方法的 31 种不同尺度机构的综合性能的评分高低反映了综合性能的优劣。综合性能评分如图 5-7 所示。

一方面，由表 5-9 可知，PCA 计算的两组第一主成分的贡献率分别为 53.496% 和 50.874%，因此，式（5-16）所涵盖的原性能指标的信息不够多，样本代表性偏差，从而得出的综合性能评价结果可靠性不够高。另一方面，实际对飞机起落架收放机构设计过程中，10 个单一性能指标的重要性有所不同，PCA 在计算的过程中，若较小的主成分中包含重要的系统信息，舍弃较小主成分，将导致重要的信息丢失，而主成分个数的增多将导致综合性能评价较为困难。所以，针对 PCA 的不足，可以尝试将 RPCA 引入，利用设计者的先验知识，并根据实际要求，在一定准则下赋予各单一性能指标不同的权值，建立 RPCA 模型，使之更有效地获取、分析和利用所需要的信息，对起落架收放机构综合性能分析和评价。

二、基于 RPCA 的综合性能分析和评价

引入相对 RPCA 方法，首先通过 Z-Score 变换，消除因量纲差异给单一性能指标带来的影响，使得各单一性能指标处于"平等"的地位；然后再利用对机构综合性能评价的先验知识，并根据系统的实际要求，在一定准则下赋予系统各分量不同的权值，即确定各单一性能指标的为比重因子 μ_i，体现了"平等"后的第 i 个单一性能指标对整个机构的综合性能的影响程度；进而建立 RPCA 模型，基于协方差矩阵进行计算，最终获取的主成分能够更有效地获取、分析和利用系统所需要的信息，对飞机起落架机构的综合性能进行综合评价。

基于多种单一性能指标进行机构综合性能评价时，评价的好坏与指标的多少没有一定的关系，主要取决于评价过程中各单一性能指标所起的作用的大小。其中，主要指标在综合评价中具有很重要的作用，而次要指标在综合评价中起到的作用相对较小。通常在机构综合性能评价中，既有主要指标也有次要指标，而比

重因子 μ_i 则可对单一性能指标赋予不同的权值，以区分各单一性能指标的主次，构成合理的评价体系。对飞机起落架收放机构的综合性能进行综合评价的过程中，采用专家调研法来确定比重因子。专家调研法是一种征求专家意见的调研方法，根据评价目标和评价对象的性质和特征，以专家打分的形式对各单一性能指标的比重因子 μ_i 做出定量的判断。在对飞机起落架收放系统的单一性能指标进行分析后，由于当整流罩关闭时，整流罩角速度和缓冲支柱角速度的前半段速比的最大值（x_1）和后半段速比的最小值（x_2）的合理性决定了机构是否能够实现起落架的收放，所以其比重因子较大；有由于收放动作筒的工作行程（x_{10}）的要求对机构结构影响较大，且直接影响机构的工作效率，所以其比重因子相对较大。表 5-4 中各单一性能指标的比重因子分别如表 5-8 所示。

表 5-8　各单一性能指标的比重因子

i	1	2	3	4	5	6	7	8	9	10
μ_i	6	6	1	1	1	1	1	1	1	2

　　基于式（2-52）对表 5-5 中正向化和标准化后的单一性能指标数值进行 RPCA 计算，得到的各组累积贡献率大于 80% 的 RPCA 计算结果与 PCA 方法计算结果对比如表 5-9 所示。

表 5-9　分组 PCA 和 RPCA 计算结果比较

算法	分组	特征值	累计贡献率（%）	特征向量
PCA	zx_1、zx_3、zx_4、zx_5、zx_6、zx_7、zx_8、zx_{10}	4.279 7	53.496	（0.316,　0.342,　0.358,　0.276,　0.351, 0.371, 0.425, 0.371）
		2.129 4	80.113	（−0.503, −0.199, −0.456, 0.307, −0.318, −0.322, 0.116, 0.433）
	zx_2、zx_9	1.017 5	50.874	（0.707, 0.707）
		0.982 53	100	（0.707, −0.707）
RPCA	zx_1、zx_3、zx_4、zx_5、zx_6、zx_7、zx_8、zx_{10}	38.0503	82.718	（0.972, 0.102, 0.003, 0.024, 0.148, 0.13, 0.073, 0.022）
	zx_2、zx_9	36	97.298	（1, 0.003）

由表 5-9 可知，RPCA 得到的各组第一主成分的累积方差贡献率分别达到 82.718% 和 97.298%，样本代表性较好。因此，比重因子 μ_i 的引入，使得 RPCA 在数据压缩中更具优越性，可以用 RPCA 方法计算得到的第一主成分对起落架收放机构的综合性能进行评价。综合性能评价函数的表达式为：

$$y_1^r = + \frac{0.729 + 0.124}{6.524} \times (6 \times zx_2 + 0.003zx_9) +$$

$$\frac{0.808 + 0.762 + 0.563 + 0.475 + 0.823 + 0.84 + 0.802 + 0.597}{6.524} \times$$

$$(6 \times 0.972zx_1 + 0.102zx_3 + 0.003zx_4 + 0.024zx_5 +$$

$$0.148zx_6 + 0.13zx_7 + 0.073zx_8 + 2 \times 0.022zx_{10})$$

$$(5-17)$$

式中，zx_i ——表 5-5 中的标准化后各指标数值。

由于各逆向性能指标已经进行正向化处理，所以结合机构性能指标的意义可知，式（5-17）反映了起落架收放机构的综合性能，数值越大，机构综合性能越优。将表 5-5 中标准化后各指标数值代入，即可得到第一主成分得分，基于 RPCA 方法的 31 种不同尺度机构的综合性能的评分高低反映了综合性能的优劣。

三、PCA 与 RPCA 方法应用的比较与分析

PCA 与 RPCA 方法计算的第一主成分得分的结果对比如图 5-7 所示。

由图 5-7 可知，PCA 方法和 RPCA 方法计算的 31 组飞机起落架收放机构综合性能评价的结果分布趋势相似，但是通过 RPCA 方法可以加大综合性能最优和最差的样本分布的梯度，数据压缩更具优越性，从而方便地选择综合性能最优的机构尺度。且由图 5-7 可知，PCA 方法计算的 4 号机构综合性能最优，21 号机构综合性能最差；而 RPCA 方法计算的 29 号机构相对综合性能最优，21 号机构综合性能最差，所以，两种方法计算得出的综合性能最差的落架收放机构的样本一致，但是综合性能最优的样本不同。其单一性能指标的对比情况见表 5-10。

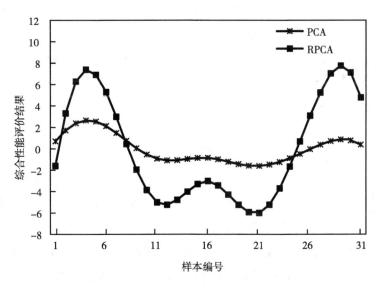

图 5-7　PCA 与 RPCA 方法综合性能评价结果对比

表 5-10　综合性能最优、相对最优和最差样本单一性能指标计算结果对比

	样本	4	29	21
	前半段整流罩和缓冲支柱角速比的最大值	0.862	0.856	0.952
	后半段整流罩和缓冲支柱角速比的最小值	1.014	1.000	1.099
	缓冲支柱角速度不均匀系数	4.432	4.421	4.588
	整流罩角速度不均匀系数	7.751	6.775	7.042
单一性能	缓冲支柱角加速度不均匀系数	2.193	2.415	2.502
指标	整流罩角速度不均匀系数	3.685	3.714	3.824
	缓冲支柱机械效益的最小值	0.008	0.006	0.000 5
	整流罩机械效益的最小值	0.362	0.011	0.004
	驱动力不均匀系数	9 689.0	16 804.0	6 637.5
	收放动作筒的工作行程（mm）	160.44	150.12	153.00
综合性	PCA	2.643	0.862	−1.609
能得分	RPCA	7.391	7.758	−5.995

　　结合表 5-10 中的数值可知，对于比重因子较大的单一性能指标 x_1、x_2 和 x_{10} 而言，基于 RPCA 方法计算得到的综合性能最优的 29 号机构的 x_1 和 x_{10} 的数值均

明显优于 PCA 方法计算得到的综合性能最优的 4 号机构，而单一性能指标 x_2 的数值差距并不明显；且 29 号机构各项单一性能指标明显优于综合性能最差的 21 号机构。所以通过 RPCA 可以更多地利用机构的先验信息，更有效地选择出相对综合性能最优的飞机起落架收放机构，由此为飞机起落架的收放机构的机构优化设计提供科学的参考依据。

四、综合性能最优机构的仿真结果分析

根据 RPCA 方法计算的结果，具有相对综合性能最优的飞机起落架收放机构为 29 号样本。进一步可以应用 ADAMS 软件对机构运动学和动力学分析结果进行提取，通过调用独立的后处理模块 ADAMS/Post Processor 来完成仿真分析结果的后处理。通过多种方式验证仿真结果，并对仿真结果进行进一步的分析，绘制各种仿真分析曲线，为调试样机提供指南。相对综合性能最优的 29 号样本的在起落架收起过程中的仿真分析输出曲线如图 5-8 所示。

由图 5-8（a）可见，起落架收起过程中，缓冲支柱的角位移单调增大的同时，整流罩的角位移先减小后增大，且缓冲支柱的角位移始终大于整流罩的角位移，这与该机构运动过程的要求相一致，为了保证整流罩在缓冲支柱收起后可靠关闭，不与缓冲支柱发生运动干涉，所以在缓冲支柱收起的过程中，整流罩先打开，再关闭。由图 5-8（b）可见，起落架收起过程中，缓冲支柱的角速度先增大后减小，整流罩的角速度则为减小—增大—减小的过程，这是因为缓冲支柱收起过程中先要快速收起，随着整个运动行程的结束，角速度逐渐减小；而整流罩在运动的过程中，对于其打开的过程角速度是逐渐减小的，在关闭的过程中角速度逐渐增大，随着整个运动行程的结束，角速度逐渐减小，符合该机构运动过程设计的初衷。由图 5-8（c）可见，起落架收起过程中，收放动作筒驱动力的三个波峰和波谷分别出现在舱门从打开状态转换为关闭状态的时间点、缓冲支柱角速度开始减小的时间点和整流罩角速度开始减小的时间点，形成了一定的液压冲击力。显然，由 ADAMS 软件仿真给出的曲线与设计过程中定性的分析求解在趋势上是完全一致的，从而验证了设计方案的正确性。

通过本实例可知，基于 CAD/CAE 软件仿真计算结构相对复杂的工程机构的

运动学和动力学单一性能指标数值，利用设计者的先验知识，根据系统的功能要求，在一定准则下赋予各单一性能指标不同权值，应用 RPCA 方法进行机构综合性能分析和评价，进而可以选择相对综合性能最优的机构，验证了将 CAD/CAE 技术与 PCA 方法相结合的合理性和工程实践性。

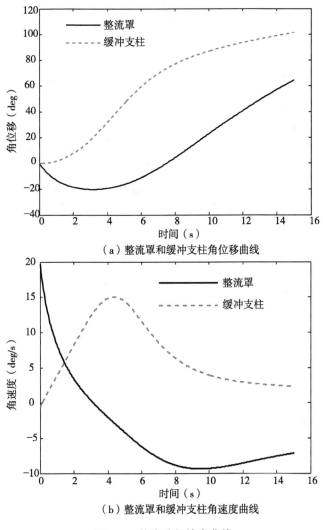

（a）整流罩和缓冲支柱角位移曲线

（b）整流罩和缓冲支柱角速度曲线

图5-8　仿真分析输出曲线

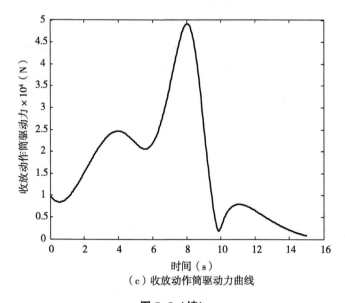

（c）收放动作筒驱动力曲线

图 5-8（续）

参 考 文 献

戴维·C.雷，史蒂文·R.雷，朱迪·J.麦克唐纳，2016.线性代数及其应用 [M].5版.北京：机械工业出版社：454-461.

戴维·穆尔，2003.统计学的世界 [M].北京：中信出版社：66-76.

董明明，2010.某直升机起落架参数设计及其动力学特性分析 [D].南京：南京航空航天大学.

杜栋，庞庆华，吴炎，2008.现代综合评价方法与案例精选 [M].2版.北京：清华大学出版社：173-183.

樊广军，袁理，鲁立君，等，2012.飞机起落架收放空间机构运动分析 [J].郑州大学学报（工学版），33（1）：88-92.

范少荟，2008.主元分析的若干扩展方法研究 [D].郑州：河南大学.

付元元，任东，2010.支持向量机中核函数及其参数选择研究 [J].科技创新导报（9）：6-7.

高峰，2005.机构学研究现状与发展趋势的思考 [J].机械工程学报，41（8）：3-17.

国家自然科学基金委员会工程与材料科学部，2010.机械工程学科发展战略报告（2011—2020）[M].北京：科学出版社：51-55.

航空航天工业部科学技术委员会，1989.飞机起落架强度设计指南 [M].成都：四川科学技术出版社：75-78.

何晓群，2015.多元统计分析 [M].4版.北京：中国人民大学出版社：142-169.

胡准庆，房海容，彭俊斌，等，2001.机器人奇异性分析 [J].机器人技术与应用（6）：32-35.

黄清世，周传喜，2003. 对曲柄摇杆急回机构传力性能指标的新探讨［J］. 江汉石油学院学报（1）：110-113.

冀晓红，2011. 平面低副四杆机构极位夹角及行程速比系数分析［J］. 机械研究与应用，24（1）：13-14.

梁保松，曹殿立，2017. 模糊数学及其应用［M］. 北京：科学出版社：31-38.

梁崇高，陈海宗，1993. 平面连杆机构的计算设计［M］. 广州：广东教育出版社：13-18.

林和平，杨晨，2006. 模糊主成分分析方法的研究与分析［J］. 航空计算技术，36（6）：15-19.

刘廷顺，赵京，郭建伟，2011. 基于高条件数的机器人机构参数优化［J］. 机械设计与研究，27（6）：9-13.

刘先锋，2012. 基于指定元分析与 PCA-BP 神经网络的接地网故障诊断研究［D］. 长沙：湖南大学.

孟维云，鹿晓阳，2008. 曲柄摇杆机构的综合优化设计［J］. 机械研究与应用，21（6）：87-89.

孟兆明，常德功，2000. 按机构压力角大小最优设计牛头刨床［J］. 机械设计与制造（1）：45-46.

孙志娟，赵京，李立明，2014. 串联机器人机构分析和综合同步方法的应用研究［J］. 北京工业大学学报，40（3）：321-327.

孙志娟，赵京，李立明，2014. 基于 FPCA 的机器人运动灵活性增强综合评价方法研究［J］. 机械设计与研究，30（4）：41-46.

孙志娟，赵京，赵辛，2014. PCA 与 KPCA 在并联机构综合性能评价中的应用比较［J］. 制造业自动化，36（2）：66-71.

孙志娟，赵京，赵辛，2014. 采用 KPCA-BP 神经网络的并联机构全局综合性能评价方法研究［J］. 现代制造工程（11）：18-24.

王正山，2006. 牛头刨床的平面六杆机构运动分析［J］. 科技信息（学术版）（S5）：40-41.

武建晌，2019. 连杆式整体闭链多足载运平台的设计与应用研究 [D]. 北京：北京交通大学.

谢碧云，赵京，2010. 机器人运动灵活性问题的研究 [J]. 高技术通讯，20（8）：856-862.

谢碧云，赵京，2011. 机器人运动灵活性问题研究概述 [J]. 机械科学与技术，30（8）：1386-1393.

熊宗团，2019. 三维 CAD 技术在机械设计中的运用分析 [J]. 科技创新导报，16（12）：117，119.

虞晓芬，傅玳，2012. 多指标综合评价方法综述 [J]. 统计与决策，16（11）：119-121.

虞晓芬，傅玳，2020. 机构学中机构重构的理论难点与研究进展——变胞机构演变内涵、分岔机理、设计综合及其应用 [J]. 中国机械工程，31（1）：57-71.

詹镇辉，2019. 平面并联机构运动可靠性理论与实验研究 [D]. 广州：华南理工大学.

张春林，赵自强，2016. 高等机构学 [M]. 修订版. 北京：机械工业出版社：3-8.

赵德林，王社伟，吴云靖，2010. 基于相对主元分析的飞控系统故障诊断 [J]. 四川兵工学报，31（11）：29-32.

赵匀，2005. 机构数值分析与综合 [M]. 北京：机械工业出版社：11-55.

朱林，孔凡让，尹成龙，等，2007. 基于仿真计算的某型飞机起落架收放机构的仿真研究 [J]. 中国机械工程，18（1）：26-29.

祝荣欣，权龙哲，乔金友，等，2009. 核主成分分析方法在农业机械性能综合评价中的应用 [J]. 农机化研究，31（9）：187-189.

邹慧君，2011. 现代机构学进展：第 2 卷 [M]. 北京：高等教育出版社：2-5.

邹慧君，高峰，2007. 现代机构学进展：第 1 卷 [M]. 北京：高等教育出版社：105-112.

BAI S P, 2010. Optimum design of spherical parallel manipulators for a prescribed workspace [J]. Mechanism and machine theory, 45 (2): 200-211.

Bernhard S, Aexander S, Klaus-Robert M, 1998. Nonlinear Componetn analysis as a kernel eigenvalue problem. [J]. Neural Computation, 10 (5): 1299-1319.

CHEN F C, TZENG Y F, HSU M H, et al., 2010. Combining Taguchi method, principal component analysis and fuzzy logic to the tolerance design of a dual-purpose six-bar mechanism [J]. Transactions of the Canadian Society for Mechanical Engineering, 34 (2): 277-293.

GUO X J, CHANG F Q, ZHU S J, 2004. Acceleration and dexterity performance indices for 6-DOF and lower-mobility parallel mechanism [C]. ASME design engineering technical conferences, Salt Lake City, USA, 2004. New York: ASME: 163-170.

IMED M, MOHAMMED O, 2011. The power manipulability-A new homogeneous performance index of robot manipulators [J]. Robotics and Computer-integrated Manufacturing, 27 (2): 434-449.

JOENSSEN D W, VOGEL J, 2014. A power study of goodness-of-fit tests for multivariate normality implemented in R [J]. Journal of Statistical Computation and Simulation, 84 (5): 1055-1078.

JOHN I M, 1999. Some robust estimates of principal components [J]. Statistics and Probability Letter, 43 (1): 349-359.

JOHNSON D E, 2005. Applied multivariate methods for data analysts [M]. Beijing: Higher Education Press: 12-16.

JOLLIFFE I T, 2002. Principal Component Analysis [M]. New York: Springer: 81-88.

JOUBAIR A, BONEV I A, 2013. Comparison of the efficiency of five observability indices for robot calibration [J]. Mechanism and Machine Theory, 70 (1): 254-265.

KOENIGSBERGER F, 1964. Design principles of metal-cutting machine tools [M]. Oxford: Pergamon Press: 266-276.

LIU A, ZHANG Y, GEHAN E, et al., 2002. Block principal component analysis with application to gene mieroarray data classification [J]. Statistics in Medicine, 21 (22): 3465-3474.

LIU X J, WANG J S, PRITSCHOW G, 2006. Performance atlases and optimum design of planar 5R symmetrical parallel mechanisms [J]. Mechanism and Machine Theory, 41 (2): 119-144.

MARDIA K V, KENT J T, BIBBY J M, 1980. Multivariate analysis [M]. London: Academic Press: 205-215.

Mechanical Dynamics Inc, 2005. Using ADAMS/Postprocessor [R]. Los Angeles: MSC Co. Ltd.

MORRISON D F, 1976. Multivariate statistical methods [M]. New York: McGraw-Hill Company: 214.

NORTON T W, MIDHA A, 1994. Graphical synthesis for limit position of four-bar mechanisms using the triangle inequality concept [J]. ASME Journal of Mechanical Design, 116 (12): 1132-1140.

PAOLO G, HENKA L K, 2006. A comparison of three methods for principal component analysis of fuzzy interval data [J]. Computational Statisties and Data Analysis, 51 (1): 379-397.

REZAEE M J, MOINI A, 2013. Reduction method based on fuzzy principal component analysis in multi-objective possibilistic programming [J]. International Journal of Advanced Manufacturing Technology, 67 (1-4): 823-831.

RUMELHART D E, MCCLELLAND J L, 1986. Parallel distributed processing: explorations in the microstructure of cognition [M]. Cambridge: MIT Press: 104-111.

SUN Z J, ZHAO J, LI L M, 2014. Application of task-oriented method of serial robot for mechanism analysis and evaluation [J]. Journal of Harbin Institute of

Technology (New Series), 21 (2): 13-20.

SUN Z J, ZHAO J, LI L M, 2014. Comparison between PCA and KPCA method in comprehensive evaluation of robotic kinematic dexterity [J]. Chinese High Technology, 20 (2): 154-160.

VEISI H, SAMETI H, 2011. The integration of principal component analysis and cepstral mean subtraction in parallel model combination for robust speech recognition [J]. Digital Signal Processing, 21 (1): 36-53.

WERBOS P J, 1974. Beyond regression: new tools for prediction and analysis in the behavioral sciences [D]. Cambridge: Harvard pho thesis.

WU C, LIU X J, WANG L P, et al., 2010. Optimal design of spherical 5R parallel manipulators considering the motion/force transmissibility [J]. Journal of Mechanical Design, 132 (3): 751-755.